Rawheya A. Salah El Din

Produção de alguns promotores de crescimento a partir de algumas algas e bactérias

Rawheya A. Salah El Din

Produção de alguns promotores de crescimento a partir de algumas algas e bactérias

ScienciaScripts

Imprint
Any brand names and product names mentioned in this book are subject to trademark, brand or patent protection and are trademarks or registered trademarks of their respective holders. The use of brand names, product names, common names, trade names, product descriptions etc. even without a particular marking in this work is in no way to be construed to mean that such names may be regarded as unrestricted in respect of trademark and brand protection legislation and could thus be used by anyone.

Cover image: www.ingimage.com

This book is a translation from the original published under ISBN 978-3-659-84393-8.

Publisher:
Sciencia Scripts
is a trademark of
Dodo Books Indian Ocean Ltd. and OmniScriptum S.R.L publishing group

120 High Road, East Finchley, London, N2 9ED, United Kingdom
Str. Armeneasca 28/1, office 1, Chisinau MD-2012, Republic of Moldova, Europe
Printed at: see last page
ISBN: 978-620-8-11067-3

RESUMO

Vinte e seis isolados bacterianos e quatro de algas foram isolados da rizosfera de plantas de arroz e beterraba sacarina cultivadas em solos salinos em El-Hussinian Plan, província de El-Sharkia, Egito, e foi efectuada uma análise in vitro de várias actividades de promoção do crescimento das plantas, ou seja, ácido indolacético (IAA), ácido giberélico (GA) e produção de hidratos de carbono. A capacidade de biocontrolo dos isolados bacterianos foi analisada através da atividade antagonista contra certos agentes patogénicos fúngicos. $^{-1-}$ $^{1-1}$Os resultados mostraram que os isolados bacterianos nº 7 e 26 produziram uma quantidade elevada de IAA (78,63 e 78,73 pg ml), respetivamente, enquanto o isolado nº 5 foi o isolado mais eficaz para a produção de GA (173,91 pg ml) e hidratos de carbono (187,18 pg ml). Os isolados bacterianos activos (n.º 5, 7, 26) na produção de substâncias promotoras do crescimento das plantas apresentaram actividades antagonistas elevadas contra certos fungos patogénicos (*Fusarium* sp. e *Rhizoctonia* sp.). $^{-1-1-1}$Além disso, o isolado de algas n.º 3 foi ativo na produção de IAA (29,26 pg ml), enquanto os isolados n.º 2 e 1 foram eficientes na produção de GA (83,91 pg ml) e hidratos de carbono (178,81 pg ml), respetivamente. Os isolados de rizobactérias mais eficientes (n.ºs 5, 7 e 26) foram selecionados e identificados como *Bacillus subtilis* e *Pseudomonas aeruginosa*, respetivamente, utilizando a técnica Bio-Log e 16S rRNA. Utilizando a análise da sequência 16S rRNA, ambos os isolados bacterianos (n.º 7 e 26) foram identificados como *Pseudomonas aeruginosa*. Os isolados de algas mais fortes (N.º 1, 2 e 3) para a produção de substâncias promotoras do crescimento de plantas foram selecionados e identificados como *Anabaena* sp., *Nostoc muscorum* e *Anabaena variabilis*, respetivamente, com base em caraterísticas morfológicas clássicas. O tempo de incubação ideal para a maior produção de IAA e GA por isolados bacterianos e algais eficientes foi de três e vinte dias, respetivamente, enquanto a maior produção de hidratos de carbono foi alcançada após quatro e vinte e cinco dias, respetivamente. Foram realizadas duas experiências em vasos no verão de 2014 e no inverno de 2015 na estufa do Departamento de Microbiologia, Instituto de Investigação de Solos, Água e Ambiente (SWERI), Centro de Investigação Agrícola (ARC), Giza, Egito. O objetivo era avaliar a resposta das variedades de arroz, Giza 178, e de trigo, Giza 93, à inoculação com rizobactérias e cianobactérias promotoras do crescimento de plantas em solos salinos. Os melhores resultados foram obtidos com a mistura combinada de bactérias e cianobactérias. O estudo mostrou que as substâncias promotoras do crescimento das plantas segregadas por rizobactérias e cianobactérias podem ser utilizadas como uma boa ferramenta para aliviar o stress salino e promover a produtividade e a qualidade do rendimento do arroz e do trigo.

Palavras-chave: salinidade do solo, isolamento, purificação, identificação, fitohormonas, hidratos de carbono, biocontrolo, tempos de incubação, arroz, trigo.

CAPÍTULO 1 INTRODUÇÃO

A salinidade é um dos factores abióticos mais importantes que afectam o crescimento e a produtividade das culturas, devido à utilização crescente de água de má qualidade para irrigação e à salinização do solo em muitas regiões do mundo (**Zhang e Shi, 2013**), onde é também um problema importante que limita o rendimento de cerca de 40 milhões de hectares de terras irrigadas, o que equivale a cerca de um terço das terras irrigadas do planeta. Estima-se que cerca de 50 % das terras aráveis serão afectadas pelo stress salino até 2050 (**Munns e Tester, 2008**). Cerca de 20% de todas as terras irrigadas são afectadas pela salinidade, o que reduz o rendimento das culturas (**Abdul Kader e Lindberg, 2010**). No Egito, **Elbordiny e El-Dewiny** (**2008**) referiram que cinquenta e cinco por cento das terras cultivadas na região norte do Delta são afectadas pelo sal; vinte por cento da região sul do Delta e da região do Médio Egito e vinte e cinco por cento da região do Alto Egito são solos afectados pelo sal. [2]A parte sul da planície de El-Hussinia, na província de Sharkia, no Egito, cobre uma área de cerca de 141,6 km. **Abdel-Hamid** (**2014**) salientou que a salinidade provoca um desequilíbrio osmótico e iónico nas células vegetais, afectando assim o crescimento e o metabolismo das plantas. Os solos salinos têm um elevado teor de sódio e cloreto, exercendo assim um stress abiótico negativo sobre as plantas.

Os bioinoculantes de rizobactérias promotoras do crescimento de plantas PGPR, tais como *Azospirillum*, *Agrobacterium*, *Pseudomonas* e várias espécies de Bacillus Gram-positivas, têm sido utilizados como uma abordagem eficiente em termos energéticos, amiga do ambiente e economicamente viável para reabilitar terras afectadas pelo sal e aumentar a produção de biomassa (**Berg, 2009**). Nos últimos anos, tem sido dada atenção às PGPR para substituir os agroquímicos (fertilizantes e pesticidas) na promoção do crescimento das plantas através de uma variedade de mecanismos diretos e indirectos que promovem a formação da estrutura do solo, a decomposição da matéria orgânica, a produção de numerosos reguladores do crescimento das plantas, degradação de poluentes orgânicos, solubilização de nutrientes minerais, estimulação do crescimento radicular, papel crítico na fertilidade do solo, reciclagem de elementos essenciais, biocontrolo de agentes patogénicos de plantas transmitidos pelo solo e pelas sementes e promoção da mudança de vegetação (**Sivasakhti** ***etal.*** **(2014)**.

As algas desempenham um papel económico na recuperação do solo, aumentam a fertilidade do solo e melhoram as condições das plantas sob determinados factores ambientais. De acordo com **Mazur** ***etal.*** **(2001)**, as algas têm um efeito positivo no crescimento das plantas. Recentemente, **Priyanka** ***et al.*** (**2016**) relataram que as cianobactérias, os procariotas fotossintéticos cosmopolitas, crescem extensivamente tanto em solos salinos como alcalinos, comummente designados por "Usar". Estas maçãs prosperam em condições consideradas habitáveis e toleram a dessecação, altas temperaturas, extremos de pH e alta salinidade, destacando a sua capacidade de adaptação a ambientes extremos. **Alam** ***et al.*** (**2014**) descobriram que o oxigénio produzido pela fotossíntese das algas impede os anaeróbios no sistema radicular da planta. Além disso, foi recentemente relatado que as algas libertam promotores de crescimento de plantas em sistemas de cultura de plantas. Sabe-se que as cianobactérias produzem substâncias promotoras de crescimento, tais como hormonas (substâncias semelhantes à auxina e à giberelina), vitaminas e aminoácidos. Também aumentam a capacidade de armazenamento de água devido à sua estrutura gelatinosa, aumentam a biomassa do solo após a sua morte e decomposição e impedem o crescimento de ervas daninhas.

A salinidade tem um efeito prejudicial sobre o crescimento e o rendimento de várias culturas e a estabilidade dos agregados do solo é uma das propriedades mais importantes que controlam o crescimento das plantas em ambientes áridos e semi-áridos, pelo que a melhoria da estabilidade estrutural do solo é de grande importância. O efeito altamente benéfico das populações microbianas, quer como organismos de vida livre quer em associação com as raízes das plantas, e as suas actividades contribuem para a estabilidade dos agregados do solo e tornam os solos salinos adequados para a agricultura (**Jastrow e Miller, 1991**).

O arroz (*Oryza sativa L.*) e o trigo (*Triticum aestivum* L.) são culturas de importância mundial que servem como alimentos básicos. São excelentes fontes de hidratos de carbono e proteínas e são consideradas pela FAO como culturas estratégicas para a segurança alimentar da população mundial devido à sua boa adaptabilidade ao clima e ao solo (**FAO, 2006**; **Arhad *et al.*, 2009**). Em 2014, a produção mundial de trigo ascendeu a 729 milhões de toneladas, o que o torna o terceiro cereal mais produzido, depois do milho (1,038 mil milhões de toneladas) e do arroz (741 milhões de toneladas). Esta cultura é cultivada em mais terras do que qualquer outra cultura alimentar comercial (220,4 milhões de hectares, 2014). O comércio mundial de trigo é maior do que o de qualquer outra cultura. Em conjunto com o rápido crescimento da população mundial, está a tornar-se cada vez mais importante aumentar a produção de cereais, especialmente trigo, arroz e milho, que representam metade da ingestão calórica humana (**Curtis, 2002; Patel e Desai, 2015; ONU, 2016**). Por outro lado, **Sairam *et al.*** (**2002**) postularam que o arroz é um cereal importante que é amplamente cultivado no Egito e é uma importante fonte de rendimento para os agricultores. A inoculação com rizobactérias promotoras do crescimento das plantas (PGPR) melhora o crescimento das plantas em condições de stress por salinidade (**Upadhyay *et al.*, 2012**).

O objetivo desta investigação é isolar e identificar algumas bactérias e algas da rizosfera de solos salinos que produzem reguladores de crescimento de plantas e investigar os efeitos de diferentes tempos de incubação para determinar o momento ideal para a abundância de reguladores de crescimento na esperança de melhorar o crescimento e o rendimento das culturas.

CAPÍTULO 2 MATERIAIS E MÉTODOS

Isolamento de bactérias e algas rizosféricas do solo

Foram utilizadas técnicas de diluição em série para isolar rizobactérias promotoras do crescimento de plantas (PGPR) da rizosfera de plantas de arroz e de beterraba sacarina cultivadas em solo salino (o solo adere à superfície da raiz e entre as raízes) do Plano El-Hussinian, Governação de El-Sharkia, Egito. °O isolamento foi efectuado em meio King's (**King *et al.*, 1954**) a 30 C durante 24-48 horas. Após o crescimento bem sucedido dos microrganismos, as colónias individuais foram removidas e purificadas.

°Para o isolamento de algas rizosféricas promotoras do crescimento de plantas (PGPRA), foi utilizado o meio isento de azoto BG11 (**Bischoff e Bold, 1963**) para o isolamento de algas azuis-verdes (cianobactérias) e o meio basal de Bold (**Rippka *et al.*, 1979**) para o isolamento de algas verdes a 28 ± 2 C e uma intensidade luminosa de 2500-3500 LUX durante 3 semanas. As colónias de algas foram recolhidas com uma agulha de inoculação esterilizada para propagação, purificação e identificação.

Purificação de isolados de bactérias e algas

[0]As culturas bacterianas puras foram subcultivadas várias vezes em novas placas para purificação, utilizando o método da placa em estrias (meio de ágar Rei tripticase), sendo depois armazenadas como culturas de reserva a 4 C para investigações posteriores. As culturas unialgais, por outro lado, foram purificadas tal como descrito por **Pringsheim (1946)**.

Bactérias - culturas de algas livres

Para obter bactérias, cada cultura de algas foi purificada em série por lavagem (**Hoshaw e Rosowski, 1973**) e tratamento com antibióticos; este método foi proposto por (**Felfoldy e Zsuzsa, 1959**).

Deteção da produção de ácido indol acético em isolados bacterianos

Para a deteção qualitativa do ácido indol acético (AIA) e/ou análogos do AIA, foi utilizado o método modificado descrito por (**Bric *et al.*, 1991**). Os organismos que produzem IAA e/ou análogos de IAA foram distinguidos dos organismos que produzem outros indóis (que produzem pigmentos amarelos a castanhos-amarelados) pela sua cor caraterística rosa a vermelha.

Determinação quantitativa de substâncias promotoras do crescimento de plantas em meios de cultura de bactérias e algas

Os isolados de rizobactérias e algas foram testados quanto à sua capacidade quantitativa de produzir hidratos de carbono e substâncias promotoras do crescimento das plantas, ou seja, ácido indolacético e giberelinas, em meios de cultura. [1]Todos os isolados bacterianos foram cultivados em meio de caldo King's suplementado com 0,1 mg ml' de triptofano (esterilizado com o meio numa autoclave ou através de filtros bacterianos). Após três dias, as culturas bacterianas foram centrifugadas a 4000 rpm durante 15 minutos para separar o sobrenadante. A extração foi realizada de acordo com o método de **Shindy e**

Smith (**1975**). Os sobrenadantes (30 ml) foram ajustados para pH 2,8 com HCl a 1 %. O resíduo aquoso foi parcialmente purificado por separação três vezes com acetato de etilo em volumes iguais (fracções ácidas) e a fase aquosa restante foi rejeitada. Esta fração continha hormonas ácidas, tais como IAA e GA (**Shindy e Smith, 1975**). $^{-1}$Os isolados de algas foram cultivados em BG-11 sem azoto para as algas azuis-verdes e em meio basal de Bold para as algas verdes com 0,5 mg ml de triptofano. ^{0}Após três semanas, as culturas de algas foram centrifugadas a 1000 rpm a 4 C durante 10 minutos para separar os sobrenadantes. Para a determinação de IAA e GA extracelulares, o pH do sobrenadante foi ajustado para 2,8 (com HCl 1,0 M) e extraído três vezes com três volumes (1:3 v/v) de acetato de etilo **Ahmed *etal.*** (**2010**).

Determinação do ácido indoleacético (IAA) e das giberelinas totais (GA)

O ácido indol acético produzido por isolados de bactérias e algas foi determinado de acordo com o método de **Glickmann e Dessaux** (**1995**), enquanto a produção de GA por isolados de bactérias e algas foi determinada de acordo com (**Udagwa e Kinoshita, 1961**).

Determinação do teor de hidratos de carbono totais

Os isolados bacterianos e as algas foram cultivados como descrito acima e, em seguida, as culturas bacterianas e de algas foram centrifugadas durante 15 minutos a 4000 e 10000 rpm, respetivamente, para separar o sobrenadante. O teor total de hidratos de carbono de açúcares insolúveis e solúveis foi determinado como glucose utilizando o método do ácido fenol-sulfúrico (**Dubois *et al.*, 1956**).

Atividade antagonista de PGPR

A possível interação entre os agentes PGPR e os fungos patogénicos (*Fusarium* sp. e *Rhizoctonia* sp.) responsáveis pela podridão radicular numa variedade de leguminosas e não leguminosas foi monitorizada em meio de ágar dextrose de batata (PDA) utilizando uma técnica modificada de zona de inibição em placa de ágar (**Silo-Such *etal.*, 1994**).

Identificação de isolados bacterianos e algais selecionados

Foram selecionados e identificados os isolados bacterianos eficientes (n.^{o}s 5, 7 e 26) que produzem grandes quantidades de IAA, GA e hidratos de carbono totais e têm uma elevada atividade antagonista. Um destes isolados bacterianos (isolado n.º 5) foi identificado utilizando a técnica Bio-Log no Instituto de Investigação de Patologia Vegetal, Centro de Investigação Agrícola, Ministério da Agricultura, Giza, Egito. Os outros dois isolados bacterianos (n.º 7 e 26) foram identificados por análise da sequência 16S rRNA na Sigma Scientific Services Company, Lebanon Square, El Giza, Egito, e os três isolados bacterianos selecionados foram também submetidos à coloração de Gram de acordo com (**Vincent, 1970**). Além disso, os três isolados de algas purificados foram identificados de acordo com **Desikachary** (**1959**).

Efeitos dos tempos de incubação na produção de reguladores de crescimento de plantas (PGR) por bactérias e algas

Foi realizada uma outra experiência para determinar o tempo de incubação ótimo para a produção de PGRs. Tanto as estirpes de bactérias como as de algas selecionadas foram cultivadas nos seus meios selectivos. Os frascos foram incubados durante diferentes períodos de tempo (1, 2, 3, 4 e 5 dias para as bactérias) e (5, 10, 15, 20, 25 e 30 para as algas). No final de cada período de incubação, os PGRs produzidos pelas estirpes de bactérias e de algas foram extraídos e determinados espectrofotometricamente utilizando o espetrofotómetro 6705 UV-Vis (JENWAY).

Experiências sobre o crescimento das plantas

Foram realizados dois ensaios em vasos no verão de 2014 e no inverno de 2015 na estufa experimental do Departamento de Microbiologia do Instituto de Investigação do Solo, da Água e do Ambiente (SWERI) do Centro de Investigação Agrícola (ARC) em Giza, Egito. Avaliar a resposta das variedades de arroz Giza 178 e de trigo Giza 93 à inoculação com rizobactérias e cianobactérias promotoras do crescimento de plantas em solos salinos para melhorar o seu crescimento.

Inoculação com rizobactérias e algas promotoras do crescimento de plantas

$^{7-1}$ $^{3-1}$ As sementes de arroz (Giza 178) e de trigo (Giza 93) foram lavadas com água da torneira e divididas em sete porções para inoculação com bactérias 10 CFUml (*Pseudomonas aeruginosa* e *Bacillus subtilis*) e algas 10 CFU ml (*Anabaena* sp., *Nostoc muscorum* e *Anabaena variabilis*) ou uma mistura de ambas e água da torneira (controlo) durante 3 h. Os inoculantes bacterianos e algais foram adicionados a uma taxa de 20 l/alimentação e 30 l/alimentação, respetivamente **Mostafa *et al.* (2013**). $^{-1}$As sementes inoculadas foram deixadas a secar à sombra e semeadas em 5 vasos de acordo com **Vincent** (**1970**). ^{1}Após a germinação, foram desbastadas para 3 plântulas $_{pot'}$. Os tratamentos foram efectuados em três intervalos de tempo de 20, 45 e 60 dias após a sementeira. Todos os tratamentos estudados foram dispostos num esquema de blocos aleatórios completos, como se segue:

T0 = controlo (sem inoculação); T1 = *Anabaena* sp.; T2 = *Nostoc muscorum*; T3 = *Anabaena variabilis*; T4 = *Pseudomonas aeruginosa*; T5 = *Bacillus subtilis* e T6 = mistura (bactérias + cianobactérias)

Tratamento e configuração experimental

Foi preparado um total de 35 vasos com 5 réplicas para cada tratamento. Todos os tratamentos receberam a dose recomendada de fertilizante NPK e foram dispostos num esquema de vasos completamente aleatório. Na colheita, as plantas de arroz (140 dias) e as plantas de trigo (150 dias) foram cuidadosamente arrancadas e os parâmetros de rendimento e o teor de azoto (**Bremner, 1965**), P e K (**Herbert *et al.*, 1971**) das plantas foram determinados. O teor total de hidratos de carbono foi determinado como glucose, utilizando o método do ácido fenol-sulfúrico (**Dubois *et al.*, 1956**).

CAPÍTULO 3 RESULTADOS E DISCUSSÃO

Vinte e seis isolados bacterianos e quatro isolados de algas foram obtidos da rizosfera de plantas de arroz e de beterraba sacarina cultivadas em solo salino em El-Hussinian Plan, província de El-Sharkia, Egito. As bactérias isoladas foram submetidas a uma análise qualitativa preliminar de isolados bacterianos para a produção de ácido indolacético (AIA), e os resultados mostraram que os isolados n.º 7 e 26 pareciam ser os produtores mais activos de AIA, tal como indicado pelas intensidades de cor de reação mais elevadas exibidas por estas estirpes quando cultivadas nos seus próprios meios Quadro (1).

Os resultados mostraram que as culturas bacterianas suplementadas com triptofano esterilizado por autoclavagem produziram quantidades baixas de IAA Figura (1). Os dados mostraram claramente que as quantidades mais elevadas de IAA, 34,14 e 34,06 pg ml', foram produzidas pelos isolados n.º 7 e 26, respetivamente, enquanto a produção de IAA não foi detectada em onze isolados bacterianos. Este facto pode dever-se à degradação do triptofano pela autoclavagem. Este resultado é consistente com **Lien e Nawar** (**1974**), que documentaram que os aminoácidos são decompostos a temperaturas elevadas.

Quadro (1): Produção qualitativa de IAA pelos isolados testados.

Isolates	IAA Production	Isolates	IAA Production
1	-	14	-
2	-	15	+
3	++	16	-
4	++	17	-
5	++	18	-
6	-	19	-
7	+++	20	-
8	-	21	+
9	-	22	+
10	-	23	+
11	+	24	+
12	+	25	+
13	-	26	+++

+++= Elevado; ++= Moderado; += Baixo; -= Não reconhecido

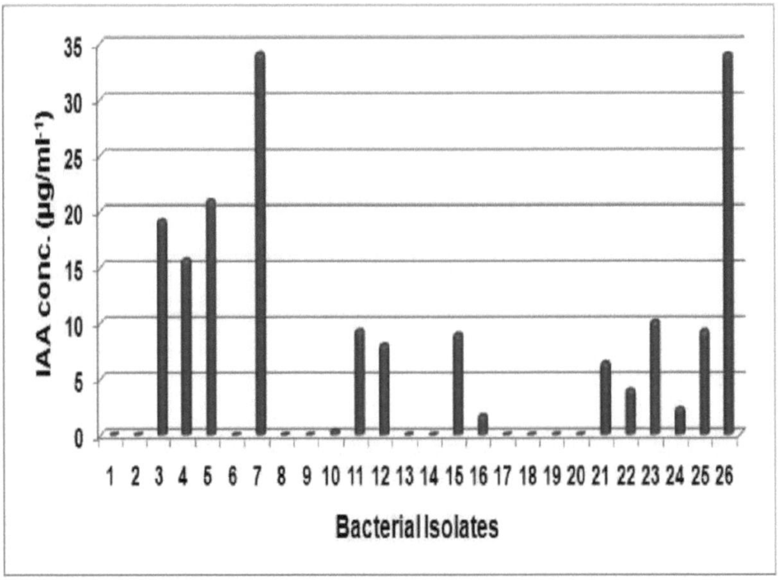

Figura (1): Produção de IAA por culturas bacterianas suplementadas com triptofano autoclavado

Por outro lado, as culturas bacterianas suplementadas com triptofano e esterilizadas por filtros bacterianos produziram uma quantidade considerável de IAA, Tabela (2), mais do que o método de esterilização anterior, pelo que os filtros bacterianos foram os mais favoráveis para uma produção elevada de IAA na esterilização do triptofano. [11]O quadro (2) mostra que os produtores mais activos de AIA foram os isolados n.º 7 e 26, que produziram 78,63 e 78,73 pg ml' de AIA, respetivamente, seguidos pelo isolado n.º 5, que produziu 48 pg ml' no escuro e sob agitação. [1]Por outro lado, o isolado n.º 5 revelou-se um bom produtor de ácido giberélico GA entre todos os isolados bacterianos, que produziu 173,91 pg ml' Tabela (2). [111]No entanto, o presente resultado também mostrou que a gama de produção de hidratos de carbono foi de 9,04 a 187,18 pg ml' e o isolado n.º 5 foi superior na produção de hidratos de carbono, que produziu 187,18 pg ml' seguido dos isolados n.º 7 e 26, que produziram 171,13 pg ml' Quadro (2).

Tabela (2): Produção de promotores de crescimento de plantas (PGPs) por isolados de bactérias e algas

No. of isolates	IAA (µg ml^{-1})	GA (µg ml^{-1})	Carbohydrates (µg ml^{-1})	No. of isolates	IAA (µg ml^{-1})	GA (µg ml^{-1})	Carbohydrates (µg ml^{-1})
Bacterial isolates							
1	0.44	1.27	79.35	14	3.1	18.45	94
2	3.31	6.64	58.26	15	21.71	0.91	78.9
3	40.44	14.82	87.3	16	6.4	0.2	44.54
4	36.29	0.73	109.04	17	4.15	6.64	98.9
5	48	173.91	187.18	18	1.61	2.73	80.51
6	0.44	22.1	80.67	19	0.16	33	90.59
7	78.63	81.2	171.13	20	4.26	40.27	81.05
8	1.81	51.2	71.6	21	17.67	26.64	122.45
9	4.26	2.64	105.1	22	14.90	0.45	68.34
10	0.86	3.91	44	23	27.9	12.1	83.38
11	25.75	32.1	9.04	24	10.33	28.45	64.31
12	21.18	53.91	112.6	25	22.35	33	103.07
13	0.51	9.4	71.52	26	78.73	80.27	171
Algal isolates							
1	21.4	61.18	178.81	3	29.20	31	160.124
2	14.90	83.91	162.14	4	1.5	3.23	77.72

Além disso, os isolados de algas foram testados quanto à sua capacidade de produzir

IAA. [11]Dos quatro isolados, o isolado n.º 3 apresentou uma produção máxima de IAA de 29,26 pg ml' e o isolado n.º 4 apresentou uma produção mínima de IAA de 1,5 pg ml' extracelularmente (quadro 2). Os resultados também mostraram que todos os isolados têm a capacidade de produzir GA em graus variáveis. [1]A produção de GA variou de 3,23 a 83,91 pg ml' . [1]O isolado n.º 2 foi o mais ativo na produção de GA, produzindo 83,91pg ml' Tabela (2). [1]Por outro lado, os isolados de algas mostraram que o isolado n.º 1 era o mais ativo na produção de hidratos de carbono, produzindo 178,81pgml' Tabela (2).

Além disso, todos os isolados bacterianos foram testados quanto à atividade antagonista contra fungos patogénicos (*Fusarium* sp. e *Rhizoctonia* sp.) no (Quadro 3), e os resultados mostraram que 18 isolados bacterianos tinham atividade antagonista contra *Fusarium* sp. e 23 isolados bacterianos eram activos contra *Rhizoctonia sp.* Os isolados n.º 7, 26 e 5 foram os mais activos contra *Fusarium* sp. e *Rhizoctonia* sp. e o isolado n.º 13 foi ativo contra esta última. Este resultado é consistente com o de **Patel *et al.* (2012)**, que relataram que *P. fluorescence, P. aeruginosa* e *B. subtilis* exerceram atividade antagonista contra os três fungos fitopatogénicos *Fusarium oxysporum*, *Aspergillus niger* e *Alteneria alternate num* ensaio in vitro.

Os isolados bacterianos mais eficazes n.ºs 5, 7 e 26 foram submetidos a identificação. A identificação primária por coloração de Gram mostrou que o isolado n.º 5 aparecia como uma bactéria Gram-positiva em forma de bastonete (1, a), enquanto os isolados n.º 7 e 26 apareciam como bactérias Gram-negativas e em forma de bastonete que produziam pigmento verde-amarelado no meio de King (1 b e c). Com base no 16S rRNA, os isolados n.º 7 e 26 foram identificados como *Pseudomonas aeruginosa* (Fig. (2)).

Tabela (3): Atividade antagonista de rizobactérias promotoras do crescimento de plantas

Bacterial Isolates	Inhibitory effect		Bacterial Isolates	Inhibitory effect	
	Fusarium sp.	*Rhizoctonia* sp.		*Fusarium* sp.	*Rhizoctonia* sp.
1	-	+	14	++	++
2	+	+	15	+	++
3	-	++	16	++	++
4	+	++	17	+	+
5	+++	+++	18	-	-
6	+	++	19	+	+
7	+++	+++	20	-	-
8	++	++	21	-	+
9	+	-	22	+	++
10	-	++	23	+	+
11	+	+	24	-	+
12	+	++	25	-	++
13	+	+++	26	+++	+++

(PGPR).

+++=Inibição elevada; ++=Inibição moderada; +=Inibição baixa; -=Efeito negativo

Figura (2): Árvore filogenética ilustrando a relação genética das bactérias

.

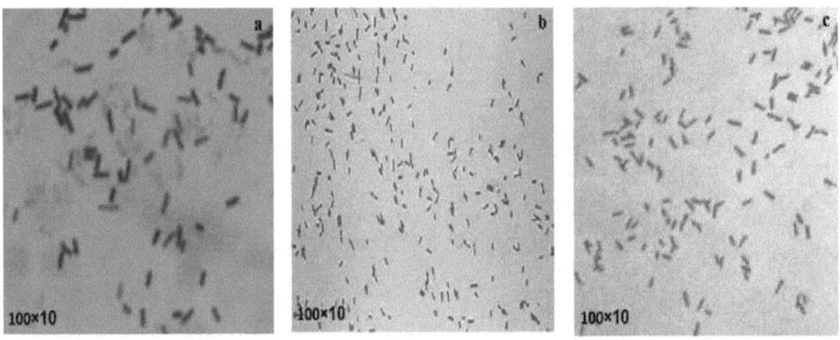

Placa (1): Coloração de Gram de isolados bacterianos, a) *Bacillus subtills*

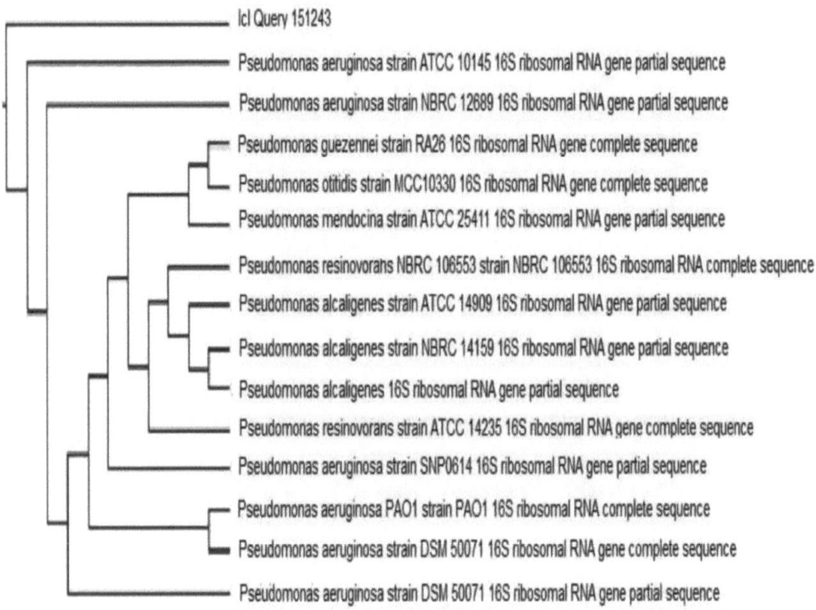

A sequência de 16S rDNA foi obtida após a extração de ADN e amplificação por PCR com um resultado de 1500 pb na placa (2). [-1]Este resultado foi semelhante ao resultado de **Sasirekha *et al.*** (**2012**), que descobriram que *P. aeruginosa* produziu 80 pgmL mais IAA com suplementação de triptofano em comparação com o controlo (sem triptofano). [1]Por outro lado, **Apastambh *et al.*** (**2016**) verificaram que oito isolados de *Pseudomonas* fluorescentes foram positivos para a produção de IAA, variando de 89 a 108 pgmL . O isolado nº 5 foi identificado como *Bacillus subtilis* usando a técnica Bio-Log. $^{-1}$Este resultado é consistente com o estudo anterior de **Fekry** (**2014**), que relatou que *Bacillus subtilis* (125pg ml) produz GA. $^{-1}$O resultado está de acordo com as conclusões de **Patil e Shirsath** (**2015**), que constataram que a concentração de hidratos de carbono nos exopolissacáridos no meio de caldo de extrato de malte-glicose-extrato de levedura-peptona (MGYP) (utilizado para o enriquecimento dos microrganismos) produzidos por *Bacillus subtilis* era de 495pg ml .

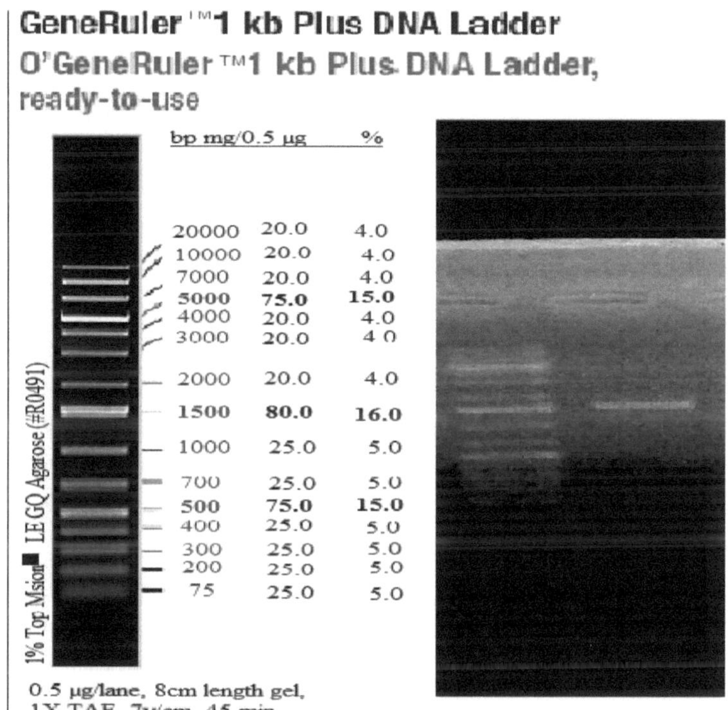

Placa (2): Direita: Marcador de eletroforese; Esquerda: Separação do produto de PCR do 16S rDNA num gel de agarose a 1% e a banda nítida produzida pelo 16S rDNA
à direita. O marcador de 1kb utilizado é apresentado à esquerda.

Com base na descrição de **Desikachary** (**1959**), o isolado do algas n.º 1

foi *Anabaena variabilis*, placas (3 a e b), tendo a mesma tendência de resultados sido encontrada por **Kumar e Kaur** (**2014**), que referiram que *Anabaena variabilis* produziu a maior quantidade de auxina (IAA). O isolado n.º 2 foi *Nostoc muscorum*, placa (3 c e d). $^{-1-1}$Este resultado estava de acordo com o trabalho de **Mostafa *et al.*** (**2013**), que relatou que *N. muscorum* produziu GA em uma quantidade de 0,286 g 100 ml. No entanto, o isolado nº 3 foi *Anabaena* sp. placa (3 e e f), este resultado estava de acordo com **Khangembam *et al.*** (**2015**), que descobriu que *Anabaena* sp. BTA35 produziu 1,12 ± 0,06 mgml de exopolissacarídeos.

Os dados da Figura (3) mostram que as quantidades mais elevadas de fitohormonas (IAA e GA) e hidratos de carbono produzidos por *P. aeruginosa* e *B. subtilis* foram detectadas num período de incubação de três e quatro dias, respetivamente. *B. subtilis* produziu quantidades mais elevadas de GA e hidratos de carbono em comparação com *P. aeruginosa*. ^{o}O presente resultado está de acordo com o estudo anterior de **Morsy** (**2005**), que relatou que a produção máxima de IAA e GA por três estirpes de *Bacillus subtilis* a 30 C foi atingida após três dias. $^{o-1}$Este resultado também está de acordo com o de **Abdul Razack *et al.*** (**2013**), que concluiu que a produção máxima de EPS de *Bacillus subtilis* foi alcançada a 35 C e pH 7 após 72 horas com 2 % de inóculo (5,56 g L). Por outro lado, *P. aeruginosa* produziu uma quantidade elevada de IAA em King's enriquecido com triptofano em comparação com *B. subtilis*. Figura (3). Esse resultado foi semelhante aos achados de **Sethia *et al.*** (**2015**), que revelaram que a produção de IAA por *Pseudomonas* spp. fluorescentes aumentou gradualmente até o terceiro dia de incubação e diminuiu após quatro dias, o que pode ser devido à liberação de enzimas degradadoras de IAA, como IAA oxidase e peroxidase, como relatado anteriormente em *Rhizobium* sp. de *Cajanuscajan* (**Datta e Basu, 2000**).

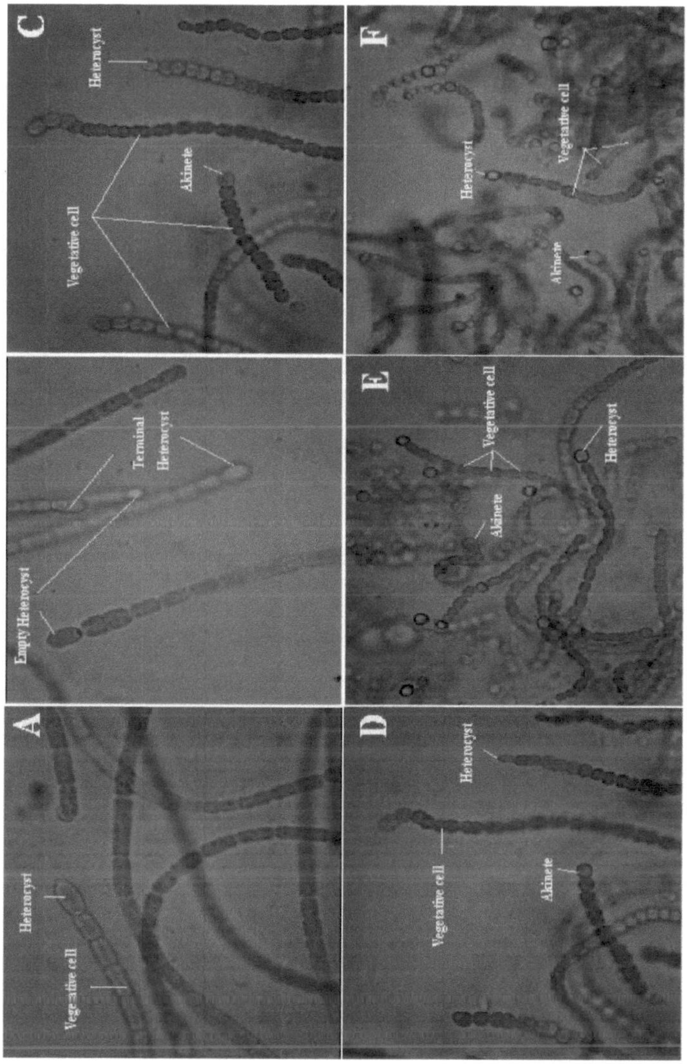

Placa (3): Estirpes de algas selecionadas, A e B) Tricomas de *Anabaena* sp. C e D) tricoma de *Anabaena variabilis*, E e F) tricoma de *Nostoc muscorum*

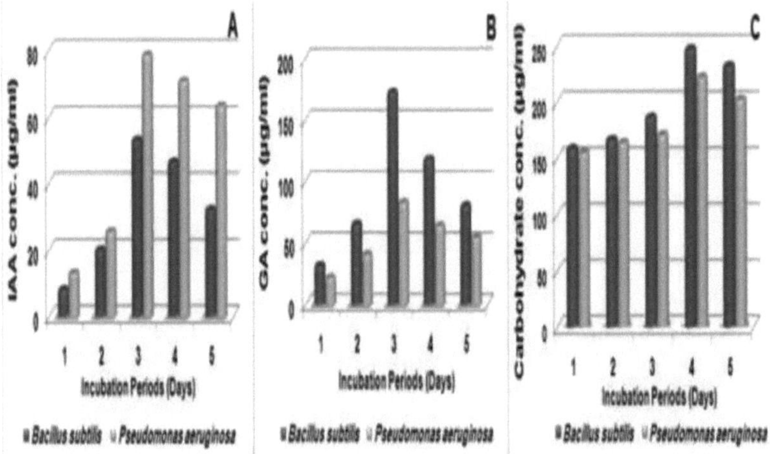

Figura (3): Produção de promotores de crescimento vegetal por estirpes bacterianas selecionadas em diferentes tempos de incubação A) ácido indoleacético (IAA), B) giberelinas (GA) e C) hidratos de carbono

A quantidade de IAA, GA e hidratos de carbono produzidos pelas estirpes de cianobactérias selecionadas aumentou gradualmente com o tempo de incubação até um determinado momento em que todas as estirpes de cianobactérias produziram uma quantidade elevada de substâncias promotoras do crescimento das plantas, Quadro (4). [1]Os resultados mostraram claramente que *a Anabaena variabilis* produziu uma quantidade considerável de IAA (29,61 pg ml') após 20 dias; após este período de incubação, a produtividade de IAA diminuiu. [1]O nosso resultado foi semelhante ao de **Kumar e Kaur** (**2014**), que verificaram que *Anabaena variabilis* produziu a maior quantidade de IAA após vinte dias de inoculação em meios suplementados com (100 pg ml') triptofano.

-[1]Além disso, a maior quantidade de GA produzida por *Nostoc muscorum* foi detetada aos 20 dias de incubação (83,91 pg ml). -1- [1]Isso está de acordo com os resultados de **Abd El-All e Abou El Kheir** (**2014**), que descobriram que *N. muscorum* e *A. oryzae* produziram grandes quantidades de GA (2859 mg l e 8839 mg l) após trinta dias em meio BG11 sob iluminação contínua (3000 lux) a 25 C ± 2.

O111Os resultados da Tabela (4) mostram que o maior teor de carboidratos totais de 231,33 pg ml' foi devido a *Anabaena* sp. seguido por 195,20 pg ml' e 193,73 pg ml' para *Anabaena variabilis* e *Nostoc muscorum*, respetivamente, após 25 dias.

Tabela (4): Produção de PGPS por estirpes de cianobactérias selecionadas em diferentes tempos de incubação.

Days	IAA (µg ml^{-1})			GA (µg ml^{-1})			Carbohydrate (µg ml^{-1})		
	Anabaena sp.	*Nostoc muscorum*	*Anabaena variabilis*	*Anabaena sp.*	*Nostoc muscorum*	*Anabaena variabilis*	*Anabaena sp.*	*Nostoc muscorum*	*Anabaena variabilis*
5	1.82	2.78	3.15	3.41	6.00	2.18	146.87	99.50	81.80
10	5.22	4.45	8.95	21.10	19.36	8.45	156.29	126.60	122.30
15	14.58	8.31	15.91	34.82	41.20	18.45	167.60	151.83	148.85
20	23.84	15.91	29.61	61.20	83.91	34.82	179.58	162.91	159.74
25	14.16	12.88	18.31	57.64	80.27	30.27	231.33	193.73	195.20
30	9.4	7.13	14.22	49.56	73.04	25.11	226.11	188.1	189.95

Khangembam *et al* (2015) encontraram a mesma tendência de resultados e descobriram que a produção de exopolissacarídeos (EPS) por *Anabaena* sp. BTA35 aumentou ao longo do tempo durante o crescimento e a quantidade máxima foi obtida das culturas após 28 dias; vários dias depois que os organismos entraram na fase estacionária de crescimento. A produção de EPS aumentou linearmente durante os primeiros 20 dias após a inoculação, seguida de um aumento mais rápido à medida que as culturas se aproximavam da fase estacionária.

Experiências sobre o crescimento das plantas

Foi realizada uma experiência em vaso para investigar os efeitos das rizobactérias e algas selecionadas como estirpes altamente activas na produção de promotores de crescimento de plantas no crescimento do arroz Giza 178 (*Oryza sativum*) e do trigo Giza93 (*Triticum aestivum*) em solos salinos do Plano El-Hussinian, Governação de El-Sharkia, Egito, uma área altamente afetada pela salinidade.

Efeito de rizobactérias e cianobactérias promotoras de crescimento vegetal no crescimento e rendimento de plantas de arroz

Os dados do Quadro (5) mostram os parâmetros de crescimento e as caraterísticas de rendimento do arroz sob a influência da inoculação com bactérias, cianobactérias e a combinação de estirpes de bactérias e cianobactérias.

A)Altura da planta

A altura das plantas foi significativamente afetada pela aplicação dos diferentes tratamentos em comparação com o controlo (Quadro 5). A altura da planta observada pelos diferentes tratamentos variou de 74 a 105 cm. As plantas mais altas (105 cm) foram observadas no tratamento T.6 (mistura de cianobactérias e bactérias) em comparação com os outros tratamentos. As segundas plantas mais altas (98 cm) foram registadas no tratamento T.4 (*Pseudomonas aeruginosa*). O tratamento T.5 (*Bacillus subtilis*) não foi significativo em relação ao tratamento T1 (*Anabaena* sp.). A altura mais baixa das plantas, 74 cm, foi observada no tratamento T.0 (controlo). Estes resultados estão de acordo com os de (**Khalid *et al.*, 2004 e Piromyou *et al.*, 2011**), que mostrou que a inoculação com PGPR aumentou a altura das plantas, o número de rebentos, o peso seco das plantas e o rendimento de grãos de várias plantas.

Tabela (5): Efeito da inoculação com estirpes selecionadas de cianobactérias e bactérias nos parâmetros de crescimento da planta de arroz

Treatments	Plant Length (cm)	No. of branches	No. of spikes	Plant dry Weight (g plant^{-1})	Spikes dry Weight (g plant^{-1})	Straw dry Weight (g plant^{-1})	Grains dry Weight (g plant^{-1})	Weight of 1000 grain (g)
T0	74	6	5	12.83	6.83	5.90	6.45	16.35
T1	96	15	13	31.00	16.71	14.17	15.68	22.10
T2	89	9	8	22.58	11.36	11.18	11.37	21.23
T3	91	10	9	21.33	12.39	8.89	10.41	21.09
T4	98	15	13	28.40	16.86	11.51	16.03	24.09
T5	96	12	11	22.14	10.96	11.10	10.41	23.22
T6	105	19	19	41.51	25.29	16.10	23.63	26.37
L.S.D. at 0.05	1.217	1.121	0.593	1.391	1.432	0.697	1.873	0.363

Onde: - T0= controlo; T1= *Anabaena sp.*; T2= *Nostoc muscorum*; T3= *Anabaena variabilis*; T4= *Pseudomonas aeruginosa*; T5= *Bacillus subtilis*;T6= combinação de cianobactérias e bactérias

Thamizh-Selvi e Sivakumar (**2012**) sugeriram que a aplicação de cianobactérias aumentou os parâmetros de crescimento, como o comprimento de rebentos e raízes, e os atributos de rendimento do arroz, como a altura da planta, o número de rebentos, o número de panículas e o peso dos grãos. O efeito favorável das PGPR e das cianobactérias pode dever-se ao seu efeito estimulante para o crescimento rápido ou para o crescimento precoce das plântulas, levando a um aumento da divisão e alongamento celular devido à secreção de IAA pelas bactérias e cianobactérias, resultando num rebento mais longo, bem como à sua capacidade de fixar o azoto do ar e melhorar os processos metabólicos, resultando em mais energia e melhoria do crescimento. Este facto está de acordo com **Pedraza *et al.*** (**2004**), que mencionaram que o IAA estimula o alongamento celular ou a divisão celular nas plantas.

B)Peso seco da planta

A Tabela (5) mostra que todos os tratamentos resultaram em maior peso seco da planta do que o controlo. [1] Os maiores aumentos significativos no peso seco da planta foram observados em T.6, T.1 e T.4, que produziram 41,51, 31,00 e 28,40 g de peso da planta, respetivamente ( ). Todos os tratamentos produziram rendimentos significativamente mais elevados do que o controlo do fertilizante. [11]O maior peso de planta (41,51 g planta') foi obtido no tratamento T.6 (combinação de bactérias e cianobactérias), o menor peso de grão (12,83 g planta') foi observado no T.0 (controlo). Os resultados mostram que o T.2 *(Nostoc muscorum)* é insignificante em comparação com o T.3 (*Anabaena variabilis*) e o T.5 (*Bacillus subtilis*). O peso seco da planta de T.6 (mistura de bactérias e algas) aumenta em 66,24% em comparação com (T.1+T.2+T.3) e 64,27% em comparação com (T.4+T.5) peso seco da planta. No presente estudo, verificou-se que a inoculação com isolados selecionados de PGPR e cianobactérias promoveu significativamente o crescimento das plantas de arroz. A mesma tendência de resultados foi encontrada por **Artursson *et al.*** (**2006**) e **Smith e Read** (**2008**), que relataram que as rizobactérias promotoras do crescimento das plantas (PGPR) têm um elevado potencial para melhorar a biomassa das plantas, a absorção de nutrientes e o rendimento, especialmente quando utilizadas em combinação.

C)Rendimento em palha

O rendimento é o indicador final do desempenho da cultura sob diferentes práticas de cultivo. Os resultados mostram que o rendimento em palha do arroz Giza 178 é significativamente afetado pela aplicação de diferentes tratamentos. Tal como o peso seco da planta, o rendimento em palha também foi significativamente mais elevado em todos os tratamentos em comparação com o controlo. O rendimento em palha do T.2 *(Nostoc muscorum)* não foi significativo em comparação com o T.4 (*Pseudomonas aeruginosa*) e o T.5 (*Bacillus subtilis*). $^{-1-1}$O maior rendimento de palha de 16,10 g de planta foi alcançado com o tratamento T.6 (combinação de bactérias e cianobactérias), seguido pelo T.1 (*Anabaena sp.*) com 14,17 g de planta. $^{-1}$O menor rendimento de grãos de 5,90 g de planta foi encontrado no T.0 (controlo) Tabela (5).

D)Rendimento de grãos

O rendimento de grãos da planta de arroz é apresentado no Quadro (5). $^{-1}$Foi observada uma influência positiva de todos os tratamentos testados no rendimento de grãos, além disso, os tratamentos (T.3 e T.5) produziram o mesmo rendimento de grãos e foi observado um aumento altamente significativo com a combinação de estirpes bacterianas e cianobacterianas (T.6), que produziu 23,63 g de plantas. Todos os tratamentos produziram um rendimento significativamente mais elevado do que o controlo. Não há diferença significativa no rendimento de grãos entre T.1 (*Anabaena sp.*) e T.4 (*Pseudomonas aeruginosa*), além disso T.2 *(Nostoc muscorum)* não é significativo para T.3 (*Anabaena variabilis*) e T.5 (*Bacillus subtilis*). O rendimento de grãos com a inoculação combinada de estirpes de bactérias e cianobactérias foi 3,5 vezes mais elevado do que com o controlo do fertilizante. O aumento no rendimento de grãos foi devido à inoculação com rizobactérias e cianobactérias promotoras do crescimento de plantas, o que está de acordo com os relatórios de (**Yanni *et al.*, 1997; Ghosh e Saha, 1997; Biswas *et al.*, 2000**) que relataram que a inoculação com rizobactérias leva ao aumento do rendimento em plantas de arroz e os efeitos benéficos do PGPR foram demonstrados tanto na estufa como no campo. **Prasanna *et al* (2012**) relataram o desempenho superior das estirpes CR2, CR1 (ambas *Anabaena* sp.) e PR10 (*Ochrobacterium* sp.) no aumento do crescimento e do rendimento de grãos de arroz.

E)Peso de 1000 grãos

Os resultados da Tabela (5) mostram o papel significativo das estirpes de bactérias e cianobactérias no aumento do peso de 1000 grãos de arroz e da combinação de bactérias e estirpes de cianobactérias. O peso de 1000 grãos de arroz variou entre 16,35 e 26,37 g nos diferentes tratamentos. O peso de 1000 grãos do T.6 (combinação de estirpes de bactérias e cianobactérias) aumentou 61,3 % em comparação com o T.0 e as estirpes de bactérias (T.4+T.5) aumentaram 10,2 % em comparação com as estirpes de cianobactérias (T.1+T.2+T.3). Observou-se uma diminuição da estimulação no T.3, que recebeu apenas *Anabaena variabilis*, em comparação com os outros tratamentos; registou (21,09 g). *Nostoc muscorum* (T.2) não diferiu de *Anabaena variabilis* (T.3). Estes resultados estão de acordo com os de muitos autores. **Abd El-All e Abo El-Khair** (**2014**) descobriram que a combinação de *Azolla* com cianobactérias, bactérias e bio-palha aumentou o peso de 1000 grãos da planta de arroz. Noutro relatório de **Elekhtyar** (**2015**), observou-se que *a Pseudomonas fluorescence (*PGPR *Pf)* aumentou o peso de 1000 grãos de arroz.

Teor de nutrientes nos grãos e na palha das plantas de arroz

A figura (4) mostra os efeitos da inoculação bacteriana e cianobacteriana no teor de azoto, fósforo e potássio do arroz. Os resultados do teor de N.
Os teores de P e k neste trabalho mostraram que todas as estirpes inoculadas aumentaram o teor de nutrientes em solos salinos. Isto deve-se à capacidade de as estirpes bacterianas e cianobacterianas produzirem hormonas vegetais como giberelinas, citocininas, ácido abscísico e auxinas, que, a baixas concentrações, afectam os processos fisiológicos das plantas, como a taxa de respiração das raízes, o metabolismo e a plenitude das raízes (**Kloepper *et al.*, 1991**; **Buyer *et al.*, 1993**), aumentando a área de superfície das raízes e melhorando assim a absorção de nutrientes (**Adesemoye *et al.*, 2008 e 2009**).

A)Teor de azoto

O teor de azoto do arroz aumentou em resposta à inoculação com todas as estirpes testadas, como se mostra na Figura (4 A). Os aumentos devidos à inoculação com estirpes bacterianas e cianobacterianas e a sua combinação foram significativos em comparação com plantas de controlo que receberam as doses recomendadas de fertilizantes químicos. Os tratamentos T6 (combinação de estirpes de bactérias e cianobactérias), T4 (*Pseudomonas aeruginosa*) e T5 (*Bacillus subtilis*) alcançaram os níveis mais elevados de N, atingindo 1,71, 1,61 e 1,54 % no grão e 0,83, 0,77 e 0,65 % na palha, respetivamente, em comparação com as plantas de controlo.

O teor mais baixo de N foi observado no tratamento T1 (*Anabaena* sp.) com 1,40 % no grão e 0,50 % na palha, em comparação com o controlo não inoculado. Estes resultados são consistentes com o estudo anterior de **El-Etr *et al.*** (**2013**), que mostrou que os rendimentos do arroz (palha e grão) e o teor total de N aumentaram significativamente em resposta à inoculação de cianobactérias em condições de solo salino, em comparação com o controlo.

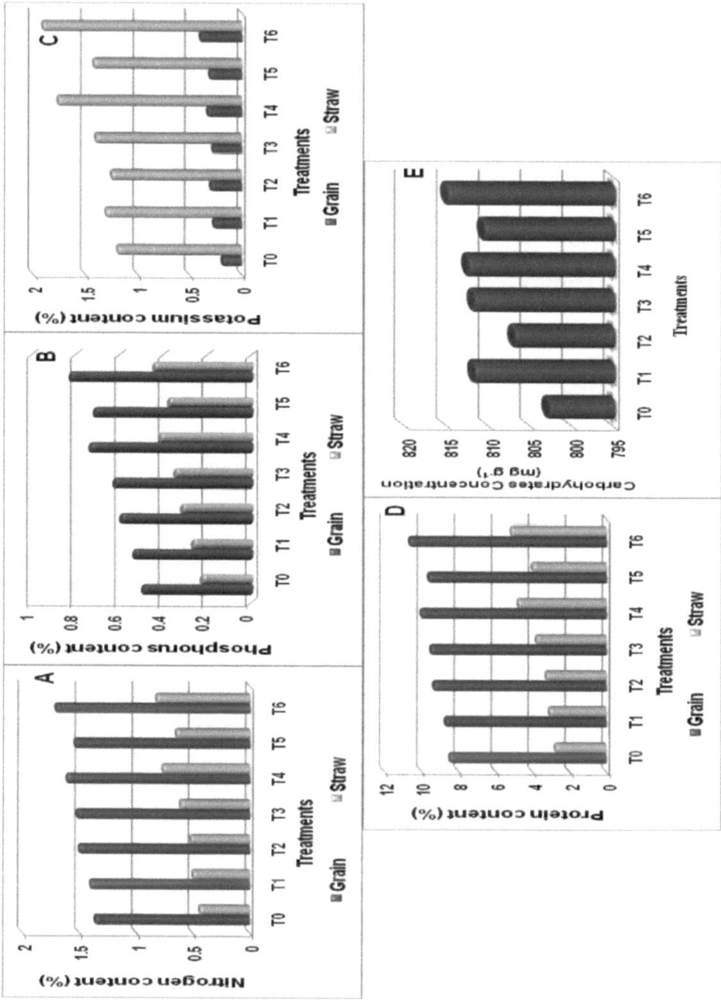

Figura (4): Efeito da inoculação com estirpes selecionadas de cianobactérias e bactérias na planta de arroz, onde:-A) Teor de azoto,

B) teor de fósforo, C) teor de potássio, D) teor de proteínas e E) concentração de hidratos de carbono dos grãos e da palha de arroz. O teor mais baixo foi encontrado no TO (controlo), tanto nos grãos como na palha (0,50 e 0,23 %, respetivamente).

No grão, o T.2 (*Nostoc muscorum*) não foi significativo em relação ao T.3 (*Anabaena variabilis)* e o T.4 (*Pseudomonas aeruginosa*) não foi significativo em relação ao T.5 (*Bacillus subtilis*). Na palha, o T.2 (*Nostoc muscorum*) não foi significativo em relação ao T.3 (*Anabaena variabilis)*. Os presentes resultados estão de acordo com os de **Sharma *et al.*** (**2012**), que indicaram que as cianobactérias têm algumas espécies solubilizadoras de fosfato no solo que dissolvem o fosfato insolúvel excretando ácidos orgânicos que resolvem o problema geral da fixação química de P em todos os tipos de solo, tornando o P disponível para as plantas e contribuindo para aumentar o rendimento da palha e dos grãos.

Kumar e Rao (**2012**) referiram que as cianobactérias beneficiam as plantas de arroz, produzindo substâncias promotoras do crescimento e aumentando subsequentemente a disponibilidade de P através da excreção de ácidos orgânicos que ajudam a evitar a erosão do solo. **Abbas-Zadeh *et al.*** (**2010**) referiram que as PGPR, incluindo *Bacillus sp. Pseudomonas fluorescence* e *P. putida*, são capazes de melhorar a disponibilidade de P através da produção de ácidos orgânicos e enzimas fosfatase através da produção de sideróforos.

C) Teor de potássio

Em termos de teor de potássio, a mesma tendência foi evidente para o N e o P, com o T.6 (combinação de bactérias e algas) a apresentar o valor mais elevado e o T.O (controlo) o valor mais baixo no grão e na palha. Todos os tratamentos foram significativamente mais elevados do que o controlo, tanto no grão como na palha. No grão, T.1 (*Anabaena sp.*) não foi significativo para T.3 (*Anabaena variabilis)* e T.2 (*Nostoc muscorum*) não foi significativo para T.4 (*Pseudomonas aeruginosa*) e T.5 (*Bacillus subtilis*). Na palha, T.3 não foi significativo em comparação com T.5. Os resultados mostram que o teor de potássio nos cereais e na palha é 14,3 % e 20,45 % mais elevado em (T.4+T.5) do que em (T.1+T.2+T.3) Figura (4 C).

D)Teor de proteínas

Foi observada uma influência positiva dos inóculos mistos de bactérias e algas na proteína do grão e da palha. Foi observado um aumento significativo no teor de proteínas com o T.6 (mistura de bactérias e algas) em comparação com os outros tratamentos; foi de 10,67% no grão e 5,19% na palha. O teor de proteínas do T.6 aumentou 25,83 % no grão e 87,36 % na palha em comparação com o T.0 (controlo) (Figura 4D). Esses resultados são consistentes com os de muitos autores, **Abd El-All e Abo El-Khair** (**2014**), que relataram que a aplicação de *Azolla* em combinação com cianobactérias, bactérias e palha orgânica aumentou o teor de proteína do grão de arroz.

E)Hidratos de carbono totais nos cereais

Os resultados mostram que os hidratos de carbono totais da planta de arroz foram significativamente afectados pelos tratamentos aplicados em comparação com o controlo fertilizado (Figura 4 E). [1]Os hidratos de carbono totais do arroz variaram entre 802,91 e 815,1 mg g' devido aos diferentes tratamentos. [1]Os hidratos de carbono totais mais elevados, de 815,1 mg g', foram observados no tratamento T.6 (combinação de bactérias e algas). [1]Os hidratos de carbono totais mais baixos, 802,91 mg g', foram observados no tratamento T.0 (controlo). [1]O segundo valor mais elevado de hidratos de carbono totais (812,56 mg g') foi observado no tratamento T4 (*Pseudomonas aeruginosa*) (Figura 4 E). Assim, os presentes resultados estão de acordo com os de **Prathibha e Siddalingeshwara** (**2013**), que mencionaram que as estirpes de PGPR, como *P. fluorescence* e *B. subtilis*, foram eficazes na melhoria da qualidade das sementes e da qualidade nutricional, como o teor de hidratos de carbono.

Os dados da experiência em vaso indicaram os efeitos positivos nos parâmetros de crescimento da planta de arroz, tais como altura da planta, peso seco da planta, rendimento de palha, rendimento de grãos e peso de 1000 grãos devido à inoculação com todas as estirpes de bactérias e cianobactérias rizosféricas, sugerindo a superioridade da inoculação combinada de estirpes de bactérias e cianobactérias, e também registou os mais elevados macronutrientes (NPK), teores de proteínas e hidratos de carbono totais da planta de arroz. Estes resultados foram semelhantes a um estudo de **Mahmoud *et al.*** (**2015**), que mencionou que o tratamento com 75% de NPK + bactérias fixadoras de N2 + cianobactérias teve a maior altura de planta, número de panículas/planta, peso de 1000 grãos e biomassa de planta (palha de arroz e rendimentos de grãos) em comparação com os outros tratamentos testados, e que este tratamento também aumentou significativamente o conteúdo total de N, P e K nas plantas.

A inoculação com bactérias fixadoras de N2 e cianobactérias, juntamente com 50% de NPK mineral, promoveu o crescimento do arroz em condições salinas. Noutro relatório de **Rana *et al*** (**2015**), foi referido que a inoculação combinada de *Anabaena oscillarioides*, *Brevundimonas diminuta* e *Ochrobactrum anthropi* aumentou significativamente o teor de N, P, K, Fe, Zn, Cu e Mn nos grãos e aumentou o rendimento do arroz em 21,2% em comparação com a aplicação da dose recomendada de fertilizantes NPK. Resultados semelhantes foram registados por **Prasanna *et al*** (**2012**). O aumento dos parâmetros de crescimento e dos teores de nutrientes das plantas de arroz em solos salinos pode dever-se à produção de promotores de crescimento vegetal por cianobactérias e bactérias. Isto é consistente com o trabalho de **Vivekanandan *et al.*** (**2015**), que sugeriu que as bactérias colonizadoras de raízes que produzem fito-hormonas podem estimular o crescimento das plantas e ajudar na reciclagem de nutrientes no microcosmo da rizosfera, de modo a que os micróbios possam mitigar os efeitos da salinidade no ambiente e também aumentar a absorção de nutrientes do solo pelas plantas.

Spaepen *et al* (**2007**) salientaram que as cianobactérias são conhecidas por produzirem uma variedade de metabolitos secundários, como a giberelina e a IAA, que podem ser importantes para o bom funcionamento dos solos agrícolas.

As cianobactérias filamentosas, em particular, desempenham uma série de papéis na melhoria da fertilidade do solo e, por conseguinte, na melhoria das culturas. Beneficiam as plantas ao produzirem substâncias promotoras do crescimento (semelhantes à auxina e à giberelina), vitaminas, polissacáridos, compostos antibacterianos e antifúngicos. **Upadhyay *et al* (2011)** mencionaram que as PGPR tolerantes ao sal podem desempenhar um papel importante no alívio do stress salino no solo durante o crescimento das plantas e que os exopolissacáridos bacterianos (EPS) também podem ajudar a aliviar o stress salino, reduzindo o nível de Na+ disponível para absorção pelas plantas.

Efeito de rizobactérias e cianobactérias promotoras de crescimento vegetal no crescimento e rendimento de plantas de trigo

Os dados do Quadro (6) mostram os critérios de crescimento do trigo e o rendimento pós-colheita sob a influência de diferentes tratamentos com bactérias, cianobactérias, uma combinação de estirpes de bactérias e cianobactérias e o fertilizante recomendado (controlo). Foi efectuada uma experiência em vaso para investigar o efeito das bactérias e cianobactérias promotoras do crescimento das plantas na produção de trigo. As plantas de trigo foram expostas às três estirpes de cianobactérias selecionadas separadamente, às duas estirpes de bactérias selecionadas separadamente, à combinação de bactérias e cianobactérias e ao controlo (sem inoculação).

A)Altura da planta

Todos os tratamentos resultaram em alturas de plantas significativamente mais elevadas do que o controlo Quadro (6). A maior altura de planta de 99 cm (37,5 % mais do que no controlo) foi alcançada no T.6 (mistura de cianobactérias e bactérias), a segunda maior altura de planta no T.4 (*Pseudomonas aeruginosa*) com 94 cm (30,6 % mais do que no controlo). O T.O (tratamento de controlo) teve a altura de planta mais baixa, com 72 cm.

Quadro (6): Efeito da inoculação com estirpes selecionadas de cianobactérias e bactérias nos parâmetros de crescimento da planta de trigo.

Treatments	Plant Length(cm)	No. of branches	No. of spikes	Plant dry Weight(g plant^{-1})	Spikes dry Weight(g plant^{-1})	Straw dry Weight(g plant^{-1})	Grains dry Weight (g plant^{-1})	Weight of 1000 grain(g)
T0	72	3	3	9.87	5.06	4.8	4.81	9.54
T1	91	6	5	15.68	8.62	7.06	8.40	21.53
T2	87	5	5	14.48	7.69	6.78	7.44	19.74
T3	91	6	5	14.89	7.94	6.95	7.70	20.72
T4	94	6	6	17	9.29	7.75	9.00	22.09
T5	91	6	5	14.66	7.76	6.9	7.52	20.13
T6	99	9	9	20.25	11.03	9.34	10.55	24.15
L.S.D. at 0.05	0.92	0.66	0.65	1.48	0.40	0.20	0.21	0.37

Onde: - T0= controlo; T1= *Anabaena sp.*; T2= *Nostoc muscorum*; T3= *Anabaena variabilis*; T4= *Pseudomonas aeruginosa*; T5= *Bacillus subtilis*;T6= combinação de cianobactérias e bactérias

A mesma tendência de resultados foi encontrada por (**Nain *et al.*, 2010; Gopalakrishnan *et al.*, 2011**) que relataram que as estirpes de cianobactérias melhoraram o crescimento das plantas e o rendimento do trigo, bem como a fertilidade do solo. Outros investigadores publicaram relatórios semelhantes sobre o aumento da altura das plantas, do número de rebentos, do peso seco das plantas e do rendimento de grãos de várias culturas em resposta à inoculação com PGPR (**Khalid *et al.* 2004; Ashrafuzzaman *et al.* 2009; Piromyou *et al.* 2011**). O aumento da altura da planta em resposta a estirpes de cianobactérias e bactérias pode dever-se à elevada produção de IAA (**Prasanna *et al.*, 2010; Rana *et al.* 2011**). Tanto as estirpes bacterianas como as cianobacterianas selecionadas foram activas na produção de IAA e GA, que são responsáveis pelo crescimento da planta. Este resultado é explicado por **Glick *et al.* (2007**), uma vez que as células vegetais podem absorver parte do IAA segregado pelas bactérias e, juntamente com o IAA endógeno da planta, estimular a proliferação celular da planta. **Nakajima *et al.* (2006)** mencionaram que as giberelinas promovem o alongamento e o desenvolvimento do caule.

B)Peso seco da planta

Os dados da Tabela (6) ilustram os efeitos dos diferentes tratamentos no peso seco do trigo. [1]Como esperado, o tratamento de controlo apresentou o peso seco mais baixo em comparação com os outros tratamentos, com valores de 9,87 g planta', uma redução de 51,26 % em comparação com o T.6 (mistura de cianobactérias e bactérias). [11]O T.6 apresentou a maior altura de planta com 20,25 g planta', seguido do T.4 (*Pseudomonas aeruginosa)* com 17 g planta', o que significa um aumento de 72,24 % em relação ao T.0 (tratamento de controlo). O T.1 (*Anabaena sp.*) não foi significativo em comparação com o T.3 (*Anabaena variabilis*) e o T.5 (*Bacillus subtilis*). Isto está de acordo com **Obreht *et al.* (1993)** que mostraram que a combinação de estirpes de Nostoc e Anabaena aumentava o comprimento da raiz/raiz em três diferentes cultivares de trigo em frascos de vidro. Outro relatório de **Karthikeyan *et al.* (2007)** em condições de estufa com *Calothrixghosei*, *Hapalosiphonintricatus* e *Nostoc* sp. mostrou um aumento na altura da planta, peso seco e rendimento de grãos.

C)Rendimento em palha

[1]Em termos de rendimento de palha, pode notar-se que o T.O (controlo) teve o rendimento de palha mais baixo (4,8 g planta') em comparação com todos os tratamentos, enquanto os tratamentos individuais que receberam *Anabaena sp, Nostoc muscorum, Anabaena variabilis, Pseudomonas aeruginosa ou Bacillus subtilis* isoladamente tiveram valores de rendimento mais baixos do que os obtidos com o T.6 [1](mistura de bactérias e algas): 7.O6, 6.78, 6.95, 7.75 e 6.9 g planta'Quadro (6). [1]O valor mais elevado de produção de palha foi obtido com T6, que registou 9,34 g planta'.

D)Rendimento de grãos

Em termos de rendimento de grãos, todos os tratamentos de inoculação produziram rendimentos altamente significativos em comparação com o controlo. [1]O rendimento de grãos variou de 4,81 a 10,55 g de planta'. O T.6 (mistura de bactérias e algas) foi 54,4 % pior do que o T.6 (controlo), enquanto o T.6 foi 17,18 % melhor do que o T.4 (*Pseudomonas aeruginosa*). O T.3 (*Anabaena variabilis*) não foi significativo em comparação com o T5 (*Bacillus subtilis*) Tabela (6). O nosso resultado está de acordo com o trabalho de **Tsavkelova *et al.* (2007)**, que descobriram que as estirpes microbianas que têm a capacidade de produzir níveis mais elevados e mais baixos de IAA ou acetamida de indol (1AM) aumentam o crescimento e o rendimento do trigo. As estirpes microbianas necessitam de L'triptofano (o precursor de IAA), que está naturalmente presente nos exsudados radiculares das plantas **Villareal *et al.* (2012)**. Também é sintetizado pela hidrólise de proteínas de células mortas **Patten e Glick (1996)**, e é convertido em ácido indoleacético pela atividade de rizobactérias promotoras do crescimento de plantas **Sasirekha *etal.* (2012)**.

E)Peso de 1000 grãos

Em relação ao peso de 1000 grãos, todos os tratamentos foram altamente significativos em comparação com o controlo. O maior peso de 1000 grãos foi observado no T.6 (mistura de cianobactérias e bactérias) e o menor peso no T.0 (controlo) com 9,54 e 24,15 g, respetivamente. O peso do T.0 difere do T.6 em 60,5 %. Os resultados mostraram que o T.6 aumentou 16,9 % e 14,4 % em comparação com (T.1+T.2+T.3) e (T.4+T.5), respetivamente Tabela (6).

Teor de nutrientes nos grãos e na palha da planta de trigo

A figura (5) mostra os efeitos da inoculação com rizobactérias e cianobactérias promotoras do crescimento de plantas no teor de azoto, fósforo, potássio, proteínas e hidratos de carbono do trigo.

A)Teor de azoto

O teor de azoto do trigo aumentou em resposta à inoculação com estirpes selecionadas, como se mostra na Figura (5 A). Em todos os tratamentos de inoculação, o teor de azoto das plantas de trigo na colheita foi significativamente mais elevado do que no controlo. Os teores de azoto variaram de 1,56 a 2,09 % no grão e de 0,42 a 0,90 % na palha. O T.6 (mistura de bactérias e algas) apresentou o teor de azoto mais elevado, de 2,09 % no grão e 0,90 % na palha. O segundo maior teor de azoto foi o T.4 (*Pseudomonas aeruginosa*) com 2,03 % no grão e 0,82 % na palha, seguido do T.3 (*Anabaena variabilis*) com 1,99 % no grão e 0,65 % na palha. O teor de azoto mais baixo, de 1,56 % no grão e 0,42 % na palha, foi encontrado em T0 (controlo).

B)Teor de fósforo

Os resultados da figura (5 B) mostram que o teor de fósforo das plantas do trigo inoculadas na colheita era significativamente mais elevado do que o das plantas de controlo. O teor de fósforo variou de 0,23 a 0,39 % no grão e de 0,19 a 0,29 % na palha.

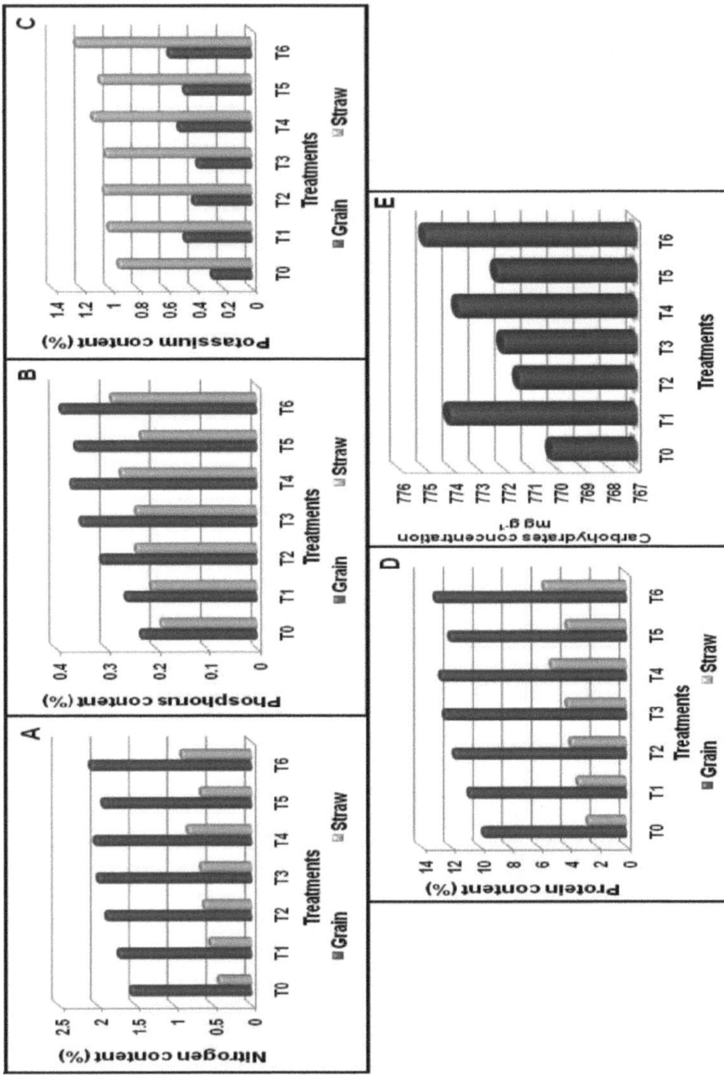

Figura (5): Efeito da inoculação com estirpes selecionadas de cianobactérias e bactérias na planta de trigo: A) teor de azoto, B) teor de fósforo, C) teor de potássio, D) teor de proteínas e E) concentração de hidratos de carbono dos grãos e da palha de trigo

O maior teor de fósforo, de 0,39 % nos grãos e 0,29 % na palha, foi encontrado no T.6 (mistura de bactérias e algas). O segundo maior teor de fósforo foi encontrado em T.4 (*Pseudomonas aeruginosa*) com 0,37% nos grãos e 0,0,27% na palha, seguido por T.5 *(Bacillus subtilis*) com 0,36% nos grãos e T3 (*Anabaena variabilis*) e T.2 *(Nostoc muscorum*) com 0,24% na palha. O menor
O teor de fósforo de 0,23 % no grão e 0,19 % na palha foi observado em T.0 (controlo) (Figura 5B). Isto estava de acordo com (**Upadhyay *et al.*, 2009**) que relataram que o teor de P das plantas de trigo aumentou significativamente após a inoculação com SU3 *B. pumilus*, SU18 Arthrobacter *sp.*, SU24 *B. cereus*, SU44 *B. aquimaris* e SU47 *B. subtilis* em comparação com os controlos, uma vez que estas estirpes podem solubilizar fosfato.

C) Teor de potássio

Foi observada uma assimilação máxima de potássio de 0,58% em plantas inoculadas com T.6 (5 C). Também se observou um aumento estatisticamente significativo do teor de potássio nas plantas de trigo inoculadas com uma mistura de cianobactérias e bactérias. O teor de potássio das plantas de trigo foi significativamente afetado pela aplicação dos diferentes tratamentos. O teor de potássio variou de 0,28 a 0,58 % no grão e de 0,94 a 1,24 % na palha. O T.6 apresentou o maior teor de potássio (0,58% no grão e 1,24% na palha).

O segundo maior teor de potássio foi encontrado no T.4 (*Pseudomonas aeruginosa*) com 0,51% no grão e 1,12% na palha, seguido pelo T.5 (*Bacillus subtilis*) com 0,47% no grão e 1,07% na palha. O teor mais baixo de potássio, de 0,28 % nos grãos e 0,94 % na palha, foi encontrado no T.0 (controlo). A mesma tendência de resultados foi encontrada por **Sheng** (**2005**), que observou que a estirpe *Bacillus edaphicus* NBT aumentou o teor de K das plantas de algodão e colza em 30% quando o solo foi tratado com fontes insolúveis de K.

D)Teor de proteínas

A figura (5 D) mostra que todos os tratamentos de inoculação aumentaram significativamente o teor de proteínas das plantas de trigo em comparação com o controlo. Os teores de proteína variaram de 9,75 a 13,06 % nos grãos e de 2,63 a 5,63 % na palha. O T.6 apresentou o maior teor de proteínas (13,06% nos grãos e 5,63% na palha). O segundo maior teor de proteínas foi o T.4 (*Pseudomonas aeruginosa*) com 12,69 % nos grãos e 5,13 % na palha, seguido pelo T.3 (*Anabaena variabilis*) com 12,44 % nos grãos e 4,06 % na palha. O teor mínimo de proteínas de 9,75 % nos grãos e 2,63 % na palha foi encontrado em T0 (controlo).

E)Hidratos de carbono totais nos cereais

A partir dos dados apresentados na Figura (5 E), o teor de hidratos de carbono das plantas de trigo foi mais elevado no T.6. Os hidratos de carbono totais da planta de trigo foram grandemente afectados pelos tratamentos aplicados em comparação com o controlo. [1]O teor máximo de hidratos de carbono de 775,07 mg g' foi observado no tratamento T6 (combinação de cianobactérias e bactérias). [1]Os hidratos de carbono totais mais baixos, de 770,25 mg g', foram observados no T.0 (controlo). [1]O segundo valor mais elevado de hidratos de carbono totais, 773,82 mg g', foi observado no tratamento T.4 (*Pseudomonas aeruginosa*).

Os dados sobre o teor de N, P, K, proteínas e hidratos de carbono das plantas neste trabalho mostraram que todas as estirpes aumentaram o teor de nutrientes em solos salinos. Estes resultados estão de acordo com os resultados de **Rana *et al.*** (**2015**) que mencionaram que a inoculação combinada com estirpes de cianobactérias e bactérias aumentou significativamente o teor de N, P, K, Fe, Zn, Cu e Mn nos grãos em comparação com o controlo fertilizado. Este facto é explicado por **Kamilova *et al.*** (**2005**) que referiram que as rizobactérias promotoras do crescimento das plantas (PGPR) são capazes de colonizar a rizosfera, a superfície da raiz ou mesmo os espaços intercelulares superficiais das plantas e desenvolver uma associação favorável com as plantas. O aumento da absorção de nutrientes por plantas inoculadas com bactérias eficazes foi atribuído à produção de reguladores de crescimento de plantas por bactérias na superfície da raiz, o que estimulou o crescimento da raiz e facilitou a absorção de água e nutrientes do subsolo **Haas e Defago** (**2005**).

Assim, se o aumento da quantidade de nutrientes absorvidos pelas plantas inoculadas com PGPB se devesse simplesmente a um aumento da área de superfície da raiz, o efeito do PGPB dependeria inteiramente do desenvolvimento da raiz e não das funções de absorção **Lugtenberg e Kamilova** (**2009**). O ácido indole-acético também desempenha um papel fundamental na regulação do crescimento e desenvolvimento das plantas, no alongamento das raízes e no aumento da absorção de minerais (**Shahab *etal.*, 2009**). **Han e Lee** (**2005**) observaram um aumento nas concentrações de N, P e K sob stress salino através da inoculação com PGPR.

Por outro lado, **Kang *et al*** (**2014**) verificaram que as concentrações de iões de potássio (K) e de fósforo (P) eram significativamente mais elevadas quando a PGPR era aplicada do que nas plantas que não eram tratadas com PGPR. [++]Quando as plantas foram expostas ao stress salino, as plantas tratadas com PGPR apresentaram uma baixa acumulação de Na em comparação com as plantas de controlo, indicando um elevado nível de resistência aos efeitos negativos dos iões de sódio (Na). [+]A toxicidade do ião Na foi grandemente minimizada pelo papel ativo das PGPRs durante o stress salino. As plantas de controlo tiveram um crescimento atrofiado, enquanto as plantas tratadas com PGPR apresentaram uma biomassa e um teor de clorofila significativamente mais elevados sob salinidade.

CAPÍTULO 4 CONCLUSÃO

A partir deste estudo, os solos da rizosfera são uma fonte rica de rizobactérias e cianobactérias promotoras do crescimento das plantas, capazes de produzir uma quantidade significativa de substâncias promotoras do crescimento das plantas, tais como IAA, GA, hidratos de carbono e compostos antimicrobianos. Globalmente, dois isolados de bactérias e três de cianobactérias foram eficientes na produção de promotores de crescimento de plantas, que foram subsequentemente identificados como *Pseudomonas aeruginosa*, *Bacillus subtilis*, *Anabaena sp.*, *Nostoc muscorum* e *Anabaena variabilis*. Conclui-se que a presença destas rizobactérias e cianobactérias promotoras do crescimento das plantas é responsável pelos efeitos benéficos no crescimento e rendimento do arroz (Giza 178) e do trigo (Giza 93) em condições de solo salino e atenua os efeitos prejudiciais do stress salino no rendimento do arroz e do trigo. Aparentemente, as PGPR e as cianobactérias são de manutenção pouco dispendiosa, têm elevadas taxas de crescimento e produzem várias substâncias biologicamente activas, tais como reguladores do crescimento das plantas, proteínas, vitaminas, hidratos de carbono, aminoácidos e polissacáridos. Por conseguinte, têm o potencial único de aumentar a produtividade numa variedade de situações agrícolas e ambientais. A procura de biofertilizantes PGPR está a aumentar de dia para dia com a crescente importância da agricultura biológica com uma utilização mínima de produtos químicos. As PGPR e as cianobactérias são ferramentas promissoras, sustentáveis e respeitadoras do ambiente na agricultura e têm-se revelado promissoras não só na manutenção de uma elevada produtividade, mas também na estabilização da produção agrícola e na minimização dos custos dos factores de produção e da poluição.

REFERÊNCIAS

Abbas-Zadeh, P.; Saleh-Rastin, N.; Asadi-Rahmani, H.; Khavazi, K.; Soltani, A.; Shoary-Nejati, A. R. e Miransari, M. (2010): Actividades de promoção do crescimento de plantas de pseudomonadas fluorescentes isoladas de solos iranianos. *Ata Physiologiae Plantarum*, **32(2): 281-288**.

Abd El-All, Azza A. M. e Abo El-Khair, Amal W. (2014): Resposta do feijão Faba à aplicação combinada de rizobactérias promotoras de crescimento e cianobactérias. *Jornal de Investigação Agrícola do Médio Oriente*, **3(3): 663-669**.

Abdel-Hamid, A.M.E. (2014): Marcadores fisiológicos e moleculares de tolerância ao sal em quatro cultivares de cevada. *Jornal Científico Europeu*, **10(3): 252-272**.

Abdul Kader, Md. e Lindberg, S. (2010): Sinalização de cálcio citosólico e pH em plantas sob stress salino. *Plant Signalling and Behavior*, **5(3): 233-238**.

Abdul Razack, S.; Velayutham V. e Thangavelu, V. (2013): Influência de Vários Parâmetros na Produção de Exopolissacarídeos a partir de *Bacillus subtilis*. *International Journal of Chem Tech Research*, **5(5):** 22212228.

Adesemoye, A. O.; Torbert, H. A. e Kloepper, J. W. (2009): As rizobactérias promotoras do crescimento das plantas permitem taxas de aplicação reduzidas de fertilizantes químicos. *MicrobialEcology*, **58(4):921-929**.

Adesemoye, A. O.; Obini, M. e Ugoji, E. O. (2008): Comparação da promoção de crescimento vegetal com *Pseudomonas aeruginosa* e *Bacillus subtilis* em três espécies vegetais. *Revista Brasileira de Microbiologia*, **39(3):423-426**.

Ahmed, M.; Stal, L. J. e Hasnain, S. (2010): Produção de ácido indol-3-acético pela cianobactéria *Arthrospira platensis* estirpe MMG-9. *Journal of Microbiology and Biotechnology*, **20: 1259-1265**.

Alam, S.; Seth, R. K. e Shukla, D. N. (2014): Papel das algas verdes azuis na cultura do arroz. *Jornal Europeu de Biologia Experimental*, **4(5):24-28**.

Apastambh, A. R.; Tanveer, K. e Baig, M. M. V. (2016): Isolamento e caraterização de rizobactérias promotoras de crescimento vegetal da rizosfera de banana. *Revista Internacional de Microbiologia Atual e Ciências Aplicadas*, **5 (2): 59-65**.

Arhad, H. M. I.; Khan, J. A.; Naz, S.; Khan, S. N. e Akram, M. (2009): Complexo de doenças de descoloração de grãos: uma nova ameaça para a cultura do arroz e sua gestão. *Pakistan Journal ofPhytopathology*, **21(1): 31-36.**

Artursson, V.; Finlay, R. D. e Jansson, J. K. (2006): Interações entre fungos micorrízicos arbusculares e bactérias e o seu potencial para estimular o crescimento das plantas. *Microbiologia Ambiental* **8(1):1-10**.

Ashrafuzzaman, M.; Hossen, F. A.; Ismail, R. M.; Hoque, M. A.; Islam, M. Z.; Shahidullah, S. M. e Meon, S. (2009): Eficiência de rizobactérias promotoras de crescimento de plantas (PGPR) para o aumento do crescimento do arroz. *African Journal ofBiotechnology*, **8(7):1247-1252**.

Berg, G. (2009): Interações entre plantas e micróbios para promover o crescimento e a saúde das plantas: perspectivas para a utilização controlada de microrganismos na agricultura. *Applied Microbiology and Biotechnology*, **84(1):11-18**.

Bischoff, H. W. and Bold, H. C. (1963): Phycological studies. IV. Algumas algas do solo de Enchanted Rock e espécies de algas relacionadas. *Publicações da Universidade do Texas*, 6318, **pp. 1-95.**

Biswas, J. C.; Ladha, J. K. e Dazzo, F. B. (2000): Rhizobia inoculation improves nutrient uptake and growth of lowland rice. *Soil Science Society of America Journal*, **64(5):1644-1650**.

Bremner, J. M. (1965): Formas inorgânicas de azoto. In: *Methods of Soil Analysis*. Parte 2 (C. F. Black, ed.) Sociedade Americana de Agronomia, Madison, Wisconsn, pp. **1179-1237**.

Brie, J. M.; Bostock, R. M. e Silverstone, S. E. (1991): Ensaio rápido In situ para a produção de ácido indol acético por bactérias imobilizadas numa membrana de nitrocelulose. *Applied and Environmental Microbiology*, **57(2): 535-538**.

Buyer, J. S.; Kratzke, M. G. e Sikora, L. J. (1993): A method for detection of pseudobactin, the siderophores produced by a plant-growth promoting *Pseudomonas* strain, in the barley rhizosphere. *Applied and Environmental Microbiology*, **59(3):677-681**.

Curtis, B. C. (2002): Wheat in the world. In: Bread wheat improvement and production (B.C. Curtis, S. Rajaram e H. Gomez Macpherson, eds). FAO Plant Production and Protection Series No. 30, Cereals Officer, Crop and Grassland Service, FAO

Datta, C. e Basu, P. S. (2000): Produção de ácido indol acético por uma espécie de Rhizobium a partir dos nódulos radiculares de um arbusto leguminoso, *Cajanuscajan*. *MicrobiologicalResearch*, **155(2): 123-127**.

Desikaehary, T.V. (1959): Cyanophyta. Conselho Indiano de Investigação Agrícola, Nova Deli, **p. 686**.

Dubois, M.; Gilles, K. A.; Hamilton, J. K.; Rebers, P. A. e Smith, F. (1956): Colorimetric method for the determination of sugars and related substances. *Analytical Chemistry*, **28(3): 350-356**.

Elbordiny, M. M. e El-Dewiny, Y. Camilla (2008): Efeito de algumas propriedades do solo afectadas pelo sal na disponibilidade de micronutrientes. *Jornal de Investigação em Ciências Aplicadas*, **4(11): 1569-1573**.

Elokhtyar, Nehal M. (2015): Eficiência de *Pseudomonas fluorescence* como rizobactérias promotoras do crescimento de plantas (PGPR) para o aumento do vigor das plântulas, absorção de nitrogênio, rendimento e seus atributos do arroz (*Oryza sativa* L.). *Revista Internacional de Investigação Científica em Ciências Agrárias*, **2(Proceeding):57-67**.

El-Etr, Wafaa M. T.; Ghazal, F. M. A.; Mahmoud, A. A. e YossefGehan, H. (2013): Respostas do sistema de cultivo de trigo - arroz à inoculação de cianobactérias e diferentes fontes de condicionadores de solo em solo salino. *Natureza e Ciência*, **11(10): 118-129**.

FAO (Organização das Nações Unidas para a Alimentação e a Agricultura) (2006): **Faostat Agriculture Data Available in: http://appsfaoorg/pag/collections? subset =agriculture.**

Fekry, Mona M. (2014): Actividades bioquímicas de alguns isolados bacterianos indígenas contra alguns fungos da podridão radicular do feijão. Tese de Mestrado, Faculdade de Agricultura, Universidade do Cairo, Giza, Egito, **pp. 1-132**.

Felfoldy, L. J. e Zsuzsa, F. K. (1959): Algumas observações metodológicas sobre o uso de antibióticos para a produção de culturas livres de bactérias. *Ata ChimicaAcademiae Scientiarum Hungaricae*, **10: 95-98**.

Ghosh, T. K. e Saha, K. C. (1997): Efeitos da inoculação de cianobactérias no estado do azoto e na nutrição do arroz (*Oryza sativa* L.) num Entisol alterado com fontes químicas e orgânicas de azoto. *Biology and Fertility of Soils*, **24:123-128**.

Glick, B. R.; Cheng, Z.; Czarny, J. e Duan, J. (2007): Promoção do crescimento das plantas por bactérias do solo produtoras de ACC deaminase. *Jornal Europeu de Patologia Vegetal*, **119(3):329-339**.

Glickmann, E. e Dessaux, Y. (1995): A critical investigation of the specificity of the Salkowski reagent for indole compounds produced by phytopathogenic bacteria. *Applied and Environmental Microbiology*, **61(2):793-796**.

Gomez, K. A. e Gomez, A. A. (1984): Statistical Methods for Agricultural Research. A Wiley-Interscience Publication, John Wiley and Sons, Inc, New York.

Gopalakrishnan, S.; Humayun, P.; Kiran, B. K.; Kannan, I. G.; Vidya, M. S.; Deepthi, K. e Rupela, O. (2011): Avaliação de bactérias isoladas da rizosfera do arroz para o controlo biológico da podridão do carvão do sorgo causada por *Macrophominaphaseolina* (Tassi) Goid. *Jornal Mundial de Microbiologia e Biotecnologia*, **27 (6): 1313-1321**.

Haas, D. e Defago, G. (2005): Controlo biológico de agentes patogénicos no solo por *pseudomonadas* fluorescentes. *Nature Reviews Microbiology*, **3: 307319**.

Han, H. S. e Lee, K. D. (2005): O efeito de rizobactérias promotoras de crescimento de plantas no estado antioxidante, fotossíntese, absorção de minerais e crescimento de alface sob salinidade do solo. *Research Journal of Agricultural and Biological Sciences*, **1(3):210-215**.

Herbert, D.; Phipps P. J. e Strange R. E. (1971): Análise química de células microbianas. Em: Norris, J. R. e Ribbons, D. W. (eds) *Methods in Microbiology*. Volume (5B). Academic Press, Londres e Nova Iorque. **S. 209-344**.

Hoshaw, R. W. e Rosowski, J. R. (1973): Methods of microscopic algae: Em Stein J. R., ed. *Culture Methods and Growth Measurements*. Cambridge University Press. Cambridge, **pp. 53-68**.

Jastrow, J. D. e Miller, R. M. (1991): Métodos para avaliar os efeitos do biota na estrutura do solo. *Agricultura, Ecossistema e Ambiente,* **34(1):279-303**.

Kamilova, F.; Validov, S.; Azarova, T.; Mulders, I. e Lugtenberg, B. (2005): Enriquecimento para colonizadores competitivos de pontas de raízes de plantas seleciona uma nova classe de bactérias de biocontrolo. *Umweltmikrobiologie*, **7(11):1809-1817**.

Kang, S. M.; Waqas, M.; Khan, A. L. e Lee, I. J. (2014): Rizobactérias promotoras do crescimento vegetal: potenciais candidatos para a produção de giberelinas e promoção do crescimento das culturas. In: Uso de micróbios para o alívio de tensões no solo. Vol. (1), Miransari M. (ed.). Springer, Nova Iorque: **pp. 1-19**.

Karthikeyan, N.; Prasanna, R.; Nain, L. e Kaushik, B. D. (2007): Avaliação do potencial de cianobactérias promotoras do crescimento de plantas como inoculantes para o trigo. *European Journal ofSoil Biology*, **43(1): 23-30**.

Khalid, A.; Arshad, M.; Zahir, Z. A. (2004): Triagem de rizobactérias promotoras do crescimento de plantas para melhorar o crescimento e o rendimento do trigo. *Journal ofApplied Microbiology*, **96(3):473-480**.

Khangembam, R.; Devi, A. T.; Silvia, C.; Sharma, A. S.; Keithellakpam, O. S.; Oinam, A. S.; Oinam, G.; Indrama, T.; Devi, W. I.; Devi, K. S.; Miranda, L.; Tiwari,O. N.; Tiwari, G. L. e Kalita, M. C. (2015): Estudos sobre a produção de exopolissacarídeos biofloculantes por Lyngbyasp. BTA166 e *Anabaena* sp. BTA35. *Anais da Pesquisa Biológica*, **6(11):47-54**.

King, E. O.; Ward, M. K. e Raney, D. E. (1954): Two simple media for the detection of pyocyanin and fluorescein. *Journal of Laboratory and Clinical Medicine*, **44(2):301-307**.

Kloepper, J. W.; Zablokovicz, R. M.; Tipping, E. M. e Lifshitz, R. (1001): Promoção do crescimento das plantas por colonizadores bacterianos da rizosfera. In: Keister DL, Cregan PB (eds) The rhizosphere and plant growth. KluwerAcademic, Países Baixos, **pp. 315-326**.

Kumar, A. e Kaur, R. (2014): Impacto do filtrado de cianobactérias no comportamento de germinação de sementes de trigo. *Revista Internacional de Biologia Básica e Aplicada*, **1(1):11-15**.

Kumar, S. R. S. e Rao, K. V. B. (2012): Fixação biológica de nitrogênio: uma revisão. *International Journal ofAdvanced Life Sciences*, **1:1-6**.

Lien, Y. C. e Nawar, W. W. (1974): Decomposição térmica de alguns aminoácidos: valina, leucina e isoleucina. *Journal of Food Science*, **39: 911-913**.

Lugtenberg, B. e Kamilova, F. (2009): Plant-growth-promoting rhizobacteria. *Annual ReviewofMicrobiology*, **63: 541-556**.

Mahmoud, Y. I.; Mostafa, Soha S. M. e Mohamed, Faten M. (2015): Avaliação comparativa de tratamentos biológicos e NPK mineral na produtividade do arroz em solo alcalino-salino. *Jornal de Agricultura do Médio Oriente*, **4(4):735-744**.

Mazur, A.; Konop, A. e Synak, R. (2001): Indole-3-acetic acid in the culture medium of two axenic green microalgae. *Journal of Applied Phycology*, **13:35-42**.

Morsy, Ebtsam M. (2005): O papel dos microrganismos produtores de substâncias promotoras de crescimento em plantas de tomate e o controlo de alguns fungos de podridão radicular. Ph.

D. Dissertação, Departamento de Microbiologia, Faculdade de Agricultura, Universidade Ain Shams, **pp. 58-69**.

Mostafa, Soha S. M.; Abuo El Kheir, Amal W. e Shehata, Heba Sh. (2013): Efeito de substâncias promotoras de crescimento vegetal de bactérias rizo e ciano sobre o rendimento do crescimento da beterraba sacarina e a qualidade do rendimento em solo salino. *Revista Internacional de Investigação Académica*, **5(6):58-65**.

Munns, R. e Tester, M. (2008): Mechanisms of saltinity tolerance (Mecanismos de tolerância à salinidade). *Revisão Anual de Biologia Vegetal*, **59:651-681**.

Nain, L.; Rana, A.; Joshi, M.; Shrikrishna, D. J.; Kumar, D.; Shivay, Y. S.; Paul, S. e Prasanna, R. (2010): Avaliação dos efeitos sinérgicos de estirpes bacterianas e cianobacterianas como biofertilizantes para o trigo. *Plant and Soil*, **331(1):217-230**.

Nakajima, M.; Shimada, A.; Takashi, Y.; Kim, Y. C.; Park, S. H.; Ueguchi-Tanaka, M.; Suzuki,H.; Katoh, E.; Iuchi, S.; Kobayashi, M.; Maeda, T.; Matsuoka, M. e Yamaguchi, I. (2006): Identificação e caraterização dos receptores de giberelina de Arabidopsis. *Plant Journal*, **46(5):880-889**.

Obreht, Z.; Kerby, N.W.; Gantar, M. e Rowell, P. (1993): 2Effects of root-associated N -fixing cyanobacteria on the growth and nitrogen content of wheat (*Triticum vulgare* L.) seedlings. *Biology and Fertility of Soils*, **15(1):68-72**.

Patel, K.; Gami, B.; Khanuchiya, S.; Parabia, F.M. e Patel, M. (2012): Efeito de *Pseudomonas fluorescence*, *P. aeruginosa* e *Bacillus subtilis* como agente de biocontrolo para a proteção das culturas. *CIBTech Journal of Microbiology*, **1(1): 52-59**.

Patel, P. V. e Desai, P. B. (2015): Isolamento de rizobactérias de campos de arroz e suas propriedades para promover o crescimento das plantas. *Jornal de Investigação de Ciências Recentes*, **4: 34-41**.

Patil, S. P. e Shirsath, L. P. (2015): Produção de exopolissacarídeo por um *Bacillus subtilis* osmotolerante, termoestável e resistente a metais. *Revista Internacional de Microbiologia Atual e Ciências Aplicadas*, **4(2): 965-971**.

Patten, C. e Glick, B. R. (1996): Biosíntese bacteriana do ácido indol-3-acético. *Canadian Journal of Microbiology*, **42(3): 207-220**.

Pedraza, R. O.; Ramirez-Mata, A.; Xiqui, M. L. e Baca, B. E. (2004): Atividade da transferase de aminoácidos aromáticos e produção de ácido indol-3-acético por bactérias fixadoras de azoto associativas. *FEMS Microbiologia Cartas*, **233(1):15-21**.

Piromyou, P.; Buranabanyat, B.; Tantasawat, P.; Tittabutr, P.; Boonkerd, N. e Teaumroong, N. (2011): Efeito da inoculação de rizobactérias promotoras do crescimento de plantas (PGPR) na estrutura da comunidade microbiana na rizosfera de milho forrageiro cultivado na Tailândia. *Jornal Europeu de Biologia do Solo*, **47:44-54**.

Prasanna, R.; Jaiswal, P.; JadhavShrikrishna, D.; Joshi, M.; Nain, L.; Rana, A. e Shivay, Y. S. (2012): Avaliando o potencial de rizo-cianobactérias como inoculantes para arroz e trigo. *Jornal de Tecnologia Agrícola*, **8(1): 157-171**.

Prasanna, R.; Joshi, M.; Rana, A. e Nain, L. (2010): Modulação da produção de IAA em cianobactérias por triptofano e luz. *Polish Journal of Microbiology*, **59(2): 99-105**.

Prathibha, K. S. e Siddalingeshwara, K. G. (2013): Efeito do crescimento da planta

Rhizobacteria on the seed quality of sorghum. *Revista Internacional de Microbiologia Atual e Ciência Aplicada*, **2(3):11-18**.

Pringsheim, E. G. (1946): Pure culture of algae. A sua preparação e manutenção. Cambridge University Press. Cambridge, **119pp**.

Priyanka, M.; Pathak, P. e Singh D.V. (2016): Análise do padrão de distribuição sazonal de cianobactérias isoladas de solos salinos/alcalinos.*InternationalJournal ofAdvanced Research*, **4(2):415-420**.

Rana, A.; Kabi, S. R.; Verma, S.; Adak, A.; Pal, M.; Shivay, Y. S.; Prasanna, R. e Nain, L. (2015): Procpoção de bactérias e cianobactérias promotoras do crescimento de plantas como opções para o enriquecimento de macro e micronutrientes em grãos na sequência de cultivo de arroz-trigo. *Cogent Food and Agriculture*, **1:1-16**.

Rana, A.; Saharan, B.; Joshi, M.; Prasanna, R.; Kumar, K. e Nain, L. (2011): Identificação de isolados de PGPR multi-traço e avaliação do seu potencial como inoculantes para o trigo. *Annals of Microbiology*, **61(4):893- 900**.

Rippka, R.; Deruelles, J.; Waterbury, J.B.; Herdman, M. e Stanier, R.Y.

(1979): Atribuições de géneros, filogenias e caraterísticas de culturas puras de cianobactérias. *Journal of General Microbiology*, **111:1-61**.

Sairam, R. K.; Rao, K. V. e Srivastava, G. C. (2002): Differential response of wheat genotypes to long-term salt stress in terms of oxidative stress, antioxidant activity and osmolyte concentration. *Ciência das Plantas,* **163:1037-1046**.

Sasirekha, B.; Shivakumar, S. e Sullia, S.B. (2012): Otimização estatística para aumentar a produção de ácido indol-3-acético (IAA) por *Pseudomonas aeruginosa* e evidências de melhor promoção do crescimento da planta. *Journal of Soil Science and Plant Nutrition,* **12 (4): 863-873**.

Sethia, B.; Mustafa, M.; Manohar, S.; Patil, S. V.; Jayamohan, N. S. e Kumudini, B. S. (2015): Produção de ácido indol acético por *Pseudomonas* spp. fluorescentes da rizosfera de *Plectranthus amboinicus* (Lour.) Spreng. e sua variação nas sequências de DNA repetitivo extragênico. *Indian Journal of Experimental Biology*, **53: 342-349**.

Shahab, S.; Ahmed, N. e Khan, N. S. (2009): Produção de ácido indol acético e promoção do crescimento de plantas por PSBs indígenas. *African Journal ofAgriculture Research*, **4(11):1312-1316**.

Sharma, R.; Khokhar, M. K.; Jat R. L. e Khandelwal, S. K. (2012): Papel das algas e cianobactérias no sistema de agricultura sustentável. *Wudpecker Journal of Agricultural Research*, **9: 381-388**.

Sheng, X. F. (2005): Promoção do crescimento e aumento da absorção de potássio do algodão e da colza por uma estirpe de *Bacillus edaphicus* libertadora de potássio. *Soil Biology and Biochemistry*, **37:1918-1922**.

Shindy, W. W. e Smith, O. F. (1975): Identificação de hormonas vegetais de óvulos de algodão. *PlantPhysiology*, **55(3): 550-554**.

Silo-Such, L. A.; Lethbridge, B. J.; Raffet, S. J.; He H.; Clardy J. e Handelsman J. (1994): Actividades biológicas de dois antibióticos fungistáticos produzidos por *Bacillus cereus* UW85. *Applied and Environmental Microbiology*, **60(6): 2023-2030**.

Sivasakhti, S.; Usharani G. e Saranraj P. (2014): Potencialidade de biocontrole de bactérias promotoras de crescimento de plantas (PGPR) - *Pseudomonas* *Fluorescência* e *Bacillus subtilis*: Uma revisão. *Jornal Africano de Investigação Agrícola,* **9(16):1265-1277**.

Smith, S. E. e Read, D. I. (2008): [rd]Mycorrhizal symbiosis, 3 Edition. Academic Press, Londres, **p. 800**.

Spaepen, S.; Vanderleyden, J. and Remans, R. (2007): Indole-3-acetic acid in microbial and microorganism-plant signalling. *FEMS Microbiology Review*, **31(4):425-448**.

ThamizhSelvi, K. e Sivakumar, K. (2012): Efeito das cianobactérias nos parâmetros de crescimento e rendimento em *Oryza sativa*, variedade

(ADT 38). *Revista Internacional de Investigação para o Desenvolvimento*, **2(6):1008-1011**.

Tsavkelova, E.A.; Cherdyntseva, T.A.; Klimova, S.Y.; Shestakov, A.I.; Botina, S.G. e Netrusov, A.I. (2007): Bactérias associadas a orquídeas produzem ácido indol-3-acético, promovem a germinação de sementes e aumentam seu rendimento microbiano em resposta à auxina exógena. *Arquivos de Microbiologia*, **188 (6):655-664**.

Udagwa, K. e Kinoshita, S. (1961): A colourimetric determination of gibberellic acid. *Journal of Agricultural Chemical Society of Japan*, **35: 219-223**.

ONU (2016): Nações Unidas, Organização das Nações Unidas para a Alimentação e a Agricultura, Divisão de Estatística (FAOSTAT). 2014 Recuperado em 8 de dezembro de 2016.

Upadhyay, S. K.; Singh, D. P. e Saikia, R. (2009): Genetic diversity of plant growth promoting rhizobacteria isolated from the rhizosphere of wheat under saline conditions (Diversidade genética de rizobactérias promotoras do crescimento de plantas isoladas da rizosfera do trigo em condições salinas). *CurrentMicrobiology*, **59(5): 489-496**.

Upadhyay, S. K.; Singh, J. S. e Singh, D. P. (2011): Rizobactérias promotoras do crescimento de plantas produtoras de exopolissacarídeos em condições de salinidade. *Pedosphere*, **21(2): 214-222**.

Upadhyay, S.K.; Singh, J.S.; Saxena, A.K. e Singh, D.P. (2012): Impacto da inoculação de PGPR no crescimento e status de antioxidantes do trigo em condições salinas. *PlantBiology*, **14(4):605-611**.

Villareal, S. Q.; Hernandez, N. Z.; Romero, I. L.; Lazcano, E. A. e Dorantes, A. R. (2012): Avaliação da promoção do crescimento vegetal por rizobactérias fornecidas com triptofano como gatilho para a produção de fitohormônios em *Axonopusaffinis. Agriculture Science Research Journal*, **2(11): 574- 580.Vincent, J.M. (1970)**: A handbook for the practical study of root nodule bacteria. Burgess and Son Ltd. Reino Unido, **p. 45.Vivekanandan, M.; Karthik, R. e Leela, A. (2015)**: Melhoria da produtividade das culturas em solos salinos através da utilização de bactérias da rizosfera tolerantes ao sal - Perspetiva atual. *Revista Internacional de Investigação Avançada*, **3 (7):1273-1283**.

Yanni, Y. G.; Rizk, R. Y.; Corich, V.; Squartini, A.; Ninke, K.; Philip-Hollingsworth, S.; Orgambide, G.; de Bruijn, F.; Stoltzfus, J.; Buckley, D.; Schmidt, T. M.; Mateos, P. F.; Ladha, J. K. e Dazzo, F. B. (1997): Associação endofítica natural entre *Rhizobium* leguminosarumbv. trifolii e raízes de arroz e avaliação do seu potencial para promover o crescimento do arroz. *Plantand Soil*, **194(1):99-114**.

Zhang, J.L. e Shi, H.Z. (2013): Mecanismos fisiológicos e moleculares

Índice

MIX
Papier aus verantwortungsvollen Quellen
Paper from responsible sources
FSC® C105338

Printed by Books on Demand GmbH, Norderstedt / Germany